工程软件职场应用实例精析丛书

CAXA 制造工程师

多轴铣削加工应用实例

主　编　韩富平　甘卫华　李凤波

副主编　李春光　张　晶　张　勇

参　编　张　宁　赵　昱　魏　巍　陈　琳　田东婷
　　　　张　惠　孙淑君　田京宇　洪非凡

主　审　袁　懿　李春燕

U0178390

机械工业出版社

本书主要结合实例讲解 CAXA 制造工程师 2022 多轴铣削加工路径的操作及应用技巧。本书可帮助读者提高实际生产中的应用能力。

全书共包含 10 章，覆盖了 CAXA 制造工程师 2022 多轴加工路径生成的全部操作过程。本书第 1～7 章在对 CAXA 制造工程师 2022 的操作界面及应用要点进行讲解的基础上，结合实例分别对二轴加工、三轴加工、四轴加工、五轴加工、五轴叶轮加工及孔加工等基本加工策略的操作及生产应用进行了详细讲解；第 8～10 章对多轴铣削加工生产实例及技能竞赛样题的综合加工工艺进行了具体详尽的讲解。本书采用通俗易懂的语言和图文并茂的形式进行讲解。实例安排从简单到复杂，循序渐进，可使读者充分理解并掌握 CAXA 制造工程师 2022 多轴铣削加工编程的工艺思路，达到事半功倍的效果。

另外，读者可通过手机浏览器扫描前言中的二维码获得所有实例模型的源文件、结果文件及讲解视频，以便在学习过程中参考练习。

本书可供职业院校数控技术专业学生和机械加工企业从事数控加工的工程技术人员参考使用。

图书在版编目（CIP）数据

CAXA制造工程师多轴铣削加工应用实例/韩富平，甘卫华，李凤波主编. —北京：机械工业出版社，2022.11

（工程软件职场应用实例精析丛书）

ISBN 978-7-111-71756-0

Ⅰ．①C… Ⅱ．①韩… ②甘… ③李… Ⅲ．①数控机床—铣削—计算机辅助设计—应用软件 Ⅳ．①TG547-39

中国版本图书馆CIP数据核字（2022）第186993号

机械工业出版社（北京市百万庄大街22号 邮政编码100037）

策划编辑：周国萍　　　　　　　责任编辑：周国萍　刘本明
责任校对：陈　越　李　婷　　　封面设计：马精明
责任印制：邝　敏

中煤（北京）印务有限公司印刷

2023年1月第1版第1次印刷

184mm×260mm · 14.75印张 · 354千字

标准书号：ISBN 978-7-111-71756-0

定价：59.00元

电话服务　　　　　　　　　　网络服务

客服电话：010-88361066　　　机　工　官　网：www.cmpbook.com
　　　　　010-88379833　　　机　工　官　博：weibo.com/cmp1952
　　　　　010-68326294　　　金　书　网：www.golden-book.com
封底无防伪标均为盗版　　　机工教育服务网：www.cmpedu.com

前　言

CAXA 制造工程师 2022 是一款北京数码大方科技有限公司开发的全中文界面、面向数控铣床和加工中心的三维 CAD/CAM 软件。通过此软件可以完成大部分简单和复杂形状零件的建模及加工路径的生成，是一款高效实用、用户量庞大的应用软件。

本书共分十章，主要内容包括 CAXA 制造工程师 2022 操作界面及应用要点、二轴加工策略应用讲解、三轴加工策略应用讲解、四轴加工策略应用讲解、五轴加工策略应用讲解、五轴叶轮加工策略应用讲解、孔加工策略应用讲解、多轴铣削加工实例：八骏图笔筒的加工讲解、多轴铣削加工实例：技能竞赛 1 的加工讲解、多轴铣削加工实例：技能竞赛 2 的加工讲解。

本书的主要特点：

（1）由浅入深。从基本操作界面到基本加工策略，再到复杂模型的实际加工操作，循序渐进，思路清晰，使读者更加容易理解 CAXA 制造工程师 2022 的操作方法及编程思路。

（2）实用性强。本书的实例全部来自实际生产和国赛多轴样题，能够让读者掌握实际生产加工中的操作技巧。

（3）资源丰富。本书赠送第 2 ～ 10 章的实例模型源文件、结果文件及操作视频文件，读者可通过手机浏览器扫描下面的二维码获取。

数控编程对实践能力的要求很高，此亦为本书讲解的重点所在。本书的编写思路即是以基本加工策略和多轴实例为主要讲解对象，借此对读者的加工思路以及软件操作能力的养成进行引导。

本书在编写的过程中，得到了多方面的支持和帮助，在此表示感谢，特别感谢北京数码大方科技有限公司提供的 CAXA 制造工程师 2022 正版软件及技术支持。

由于编著者水平有限，书中难免存在错误与不妥之处，恳请广大读者发现问题后不吝指正。

编 著 者

模型源文件　　　　　　结果文件　　　　　　视频文件

目 录

前　言

第1章　CAXA 制造工程师 2022 基本操作............... 1

1.1　CAXA 制造工程师 2022 软件界面介绍 1

1.2　CAXA 制造工程师 2022 三维球的应用 2

1.3　CAXA 制造工程师 2022 快捷键的使用技巧... 3

1.4　CAXA 制造工程师 2022 基本操作要点 4

　　1.4.1　创建坐标系.................................... 4

　　1.4.2　创建刀具...................................... 5

　　1.4.3　创建毛坯...................................... 6

　　1.4.4　后置处理...................................... 6

第2章　二轴加工策略应用讲解................. 8

2.1　平面区域粗加工.............................. 8

　　2.1.1　平面区域粗加工文件................. 8

　　2.1.2　工艺方案...................................... 8

　　2.1.3　准备加工文件.............................. 8

　　2.1.4　创建坐标系.................................. 8

　　2.1.5　粗加工.. 8

　　2.1.6　精加工底面................................11

2.2　平面区域粗加工 2........................14

　　2.2.1　平面区域粗加工 2 文件...........14

　　2.2.2　工艺方案....................................14

　　2.2.3　准备加工文件............................14

　　2.2.4　创建坐标系................................14

　　2.2.5　粗加工..14

2.3　平面自适应粗加工........................16

　　2.3.1　平面自适应粗加工文件............16

　　2.3.2　工艺方案....................................17

　　2.3.3　准备加工文件............................17

　　2.3.4　创建坐标系................................17

　　2.3.5　粗加工..17

2.4　平面轮廓精加工 1........................19

　　2.4.1　平面轮廓精加工 1 文件...........19

　　2.4.2　工艺方案....................................19

　　2.4.3　准备加工文件............................19

　　2.4.4　创建坐标系................................20

　　2.4.5　精加工 60mm×40mm 矩形........20

2.5　平面轮廓精加工 2........................22

　　2.5.1　平面轮廓精加工 2 文件...........22

　　2.5.2　工艺方案....................................22

　　2.5.3　准备加工文件............................22

　　2.5.4　创建坐标系................................22

　　2.5.5　精加工 60mm×40mm 矩形........22

2.6　平面光铣加工................................25

　　2.6.1　平面光铣加工文件....................25

　　2.6.2　工艺方案....................................25

　　2.6.3　准备加工文件............................25

　　2.6.4　创建坐标系................................25

　　2.6.5　精加工 60mm×40mm 矩形上表面 ...26

2.7　平面摆线槽加工............................28

　　2.7.1　平面摆线槽加工文件................28

　　2.7.2　工艺方案....................................28

　　2.7.3　准备加工文件............................28

　　2.7.4　创建坐标系................................28

　　2.7.5　粗加工宽 40mm 的槽................28

2.8　倒圆角加工....................................30

　　2.8.1　倒圆角加工文件........................30

　　2.8.2　工艺方案....................................30

　　2.8.3　准备加工文件............................30

　　2.8.4　创建坐标系................................30

　　2.8.5　Φ60mm 圆柱倒圆角 R5mm 31

2.9　倒斜角加工....................................32

　　2.9.1　倒斜角加工文件........................32

　　2.9.2　工艺方案....................................33

　　2.9.3　准备加工文件............................33

　　2.9.4　创建坐标系................................33

　　2.9.5　Φ60mm 圆柱倒 C3mm 33

2.10　切割加工......................................35

2.10.1 切割加工文件 35
2.10.2 工艺方案 35
2.10.3 准备加工文件 35
2.10.4 创建坐标系 35
2.10.5 Φ60mm 切割 35
2.11 雕刻加工 37
2.11.1 雕刻加工模型 37
2.11.2 工艺方案 38
2.11.3 准备加工文件 38
2.11.4 创建坐标系 38
2.11.5 雕刻精加工 38
2.12 工程师经验点评 40

第3章 三轴加工策略应用讲解 41
3.1 等高线粗加工 41
3.1.1 等高线粗加工模型 41
3.1.2 工艺方案 41
3.1.3 准备加工文件 41
3.1.4 创建坐标系 41
3.1.5 创建毛坯 41
3.1.6 编程详细操作步骤 42
3.2 自适应粗加工 45
3.2.1 自适应粗加工模型 45
3.2.2 工艺方案 45
3.2.3 准备加工文件 45
3.2.4 创建坐标系 45
3.2.5 创建毛坯 45
3.2.6 编程详细操作步骤 46
3.3 等高线精加工 49
3.3.1 等高线精加工模型 49
3.3.2 工艺方案 49
3.3.3 准备加工文件 50
3.3.4 创建坐标系 50
3.3.5 编程详细操作步骤 50
3.4 扫描线精加工 53
3.4.1 扫描线精加工模型 53
3.4.2 工艺方案 53
3.4.3 准备加工文件 53
3.4.4 创建坐标系 53
3.4.5 编程详细操作步骤 53

3.5 三维偏置加工 56
3.5.1 三维偏置加工模型 56
3.5.2 工艺方案 56
3.5.3 准备加工文件 56
3.5.4 创建坐标系 56
3.5.5 编程详细操作步骤 57
3.6 平面精加工 59
3.6.1 平面精加工模型 59
3.6.2 工艺方案 59
3.6.3 准备加工文件 60
3.6.4 创建坐标系 60
3.6.5 编程详细操作步骤 60
3.7 笔式清根加工 62
3.7.1 笔式清根加工模型 62
3.7.2 工艺方案 62
3.7.3 准备加工文件 62
3.7.4 创建坐标系 62
3.7.5 编程详细操作步骤 62
3.8 曲线投影加工 65
3.8.1 曲线投影加工模型 65
3.8.2 工艺方案 65
3.8.3 准备加工文件 65
3.8.4 创建坐标系 65
3.8.5 编程详细操作步骤 66
3.9 轨迹投影精加工 69
3.9.1 轨迹投影精加工模型 69
3.9.2 工艺方案 69
3.9.3 准备加工文件 69
3.9.4 创建坐标系 69
3.9.5 编程详细操作步骤 69
3.10 轮廓导动精加工 71
3.10.1 轮廓导动精加工文件 71
3.10.2 工艺方案 72
3.10.3 准备加工文件 72
3.10.4 创建坐标系 72
3.10.5 编程详细操作步骤 72
3.11 曲面轮廓精加工 74
3.11.1 曲面轮廓精加工文件 74
3.11.2 工艺方案 74

3.11.3 准备加工文件 74
3.11.4 创建坐标系 74
3.11.5 编程详细操作步骤 75
3.12 曲面区域精加工 77
3.12.1 曲面区域精加工文件 77
3.12.2 工艺方案 77
3.12.3 准备加工文件 77
3.12.4 创建坐标系 77
3.12.5 编程详细操作步骤 77
3.13 参数线精加工 79
3.13.1 参数线精加工文件 79
3.13.2 工艺方案 80
3.13.3 准备加工文件 80
3.13.4 创建坐标系 80
3.13.5 编程详细操作步骤 80
3.14 曲线式铣槽加工 82
3.14.1 曲线式铣槽加工文件 82
3.14.2 工艺方案 82
3.14.3 准备加工文件 82
3.14.4 创建坐标系 82
3.14.5 编程详细操作步骤 82
3.15 工程师经验点评 84

第4章 四轴加工策略应用讲解 85
4.1 四轴旋转粗加工策略 85
4.1.1 四轴旋转粗加工策略演示模型 .. 85
4.1.2 工艺方案 85
4.1.3 准备加工文件 85
4.1.4 创建坐标系 85
4.1.5 创建毛坯 85
4.1.6 编程详细操作步骤 86
4.2 四轴旋转精加工策略 89
4.2.1 四轴旋转精加工策略演示模型 .. 89
4.2.2 工艺方案 89
4.2.3 准备加工文件 89
4.2.4 创建坐标系 89
4.2.5 编程详细操作步骤 90
4.3 四轴螺旋线加工策略 92
4.3.1 四轴螺旋线加工策略演示 92
4.3.2 工艺方案 92

4.3.3 准备加工文件 93
4.3.4 创建坐标系 93
4.3.5 编程详细操作步骤 93
4.4 四轴轨迹包裹加工策略 95
4.4.1 四轴轨迹包裹加工策略模型 .. 95
4.4.2 工艺方案 95
4.4.3 准备加工文件 95
4.4.4 创建坐标系 95
4.4.5 创建毛坯 95
4.4.6 编程详细操作步骤 96
4.5 工程师经验点评 97

第5章 五轴加工策略应用讲解 99
5.1 五轴平行面加工 99
5.1.1 五轴平行面加工模型 99
5.1.2 工艺方案 99
5.1.3 准备加工文件 99
5.1.4 创建坐标系 99
5.1.5 编程详细操作步骤 99
5.2 五轴平行加工 103
5.2.1 五轴平行加工模型 103
5.2.2 工艺方案 103
5.2.3 准备加工文件 103
5.2.4 创建坐标系 103
5.2.5 编程详细操作步骤 103
5.3 五轴限制线加工 106
5.3.1 五轴限制线加工模型 106
5.3.2 工艺方案 106
5.3.3 准备加工文件 106
5.3.4 创建坐标系 106
5.3.5 编程详细操作步骤 106
5.4 五轴沿曲线加工 110
5.4.1 五轴沿曲线加工模型 110
5.4.2 工艺方案 110
5.4.3 准备加工文件 110
5.4.4 创建坐标系 110
5.4.5 编程详细操作步骤 110
5.5 五轴平行线加工 113
5.5.1 五轴平行线加工模型 113
5.5.2 工艺方案 113

5.5.3 准备加工文件............113
5.5.4 创建坐标系............114
5.5.5 编程详细操作步骤............114
5.6 五轴曲线投影加工............117
5.6.1 五轴曲线投影加工模型............117
5.6.2 工艺方案............117
5.6.3 准备加工文件............117
5.6.4 创建坐标系............117
5.6.5 编程详细操作步骤............117
5.7 五轴侧铣加工............120
5.7.1 五轴侧铣加工模型............120
5.7.2 工艺方案............121
5.7.3 准备加工文件............121
5.7.4 创建坐标系............121
5.7.5 编程详细操作步骤............121
5.8 五轴侧铣加工2............123
5.8.1 五轴侧铣加工2模型............123
5.8.2 工艺方案............123
5.8.3 准备加工文件............124
5.8.4 创建坐标系............124
5.8.5 编程详细操作步骤............124
5.9 五轴限制面加工............126
5.9.1 五轴限制面加工模型............126
5.9.2 工艺方案............127
5.9.3 准备加工文件............127
5.9.4 创建坐标系............127
5.9.5 编程详细操作步骤............127
5.10 五轴参数线加工1............130
5.10.1 五轴参数线加工1模型............130
5.10.2 工艺方案............131
5.10.3 准备加工文件............131
5.10.4 创建坐标系............131
5.10.5 编程详细操作步骤............131
5.11 五轴曲面区域加工............133
5.11.1 五轴曲面区域加工模型............133
5.11.2 工艺方案............134
5.11.3 准备加工文件............134
5.11.4 创建坐标系............134
5.11.5 编程详细操作步骤............134

5.12 单线体刻字加工............136
5.12.1 单线体刻字加工模型............136
5.12.2 工艺方案............137
5.12.3 准备加工文件............137
5.12.4 创建坐标系............137
5.12.5 编程详细操作步骤............137
5.13 型腔区域粗加工............139
5.13.1 型腔区域粗加工模型............139
5.13.2 工艺方案............139
5.13.3 准备加工文件............139
5.13.4 创建坐标系............139
5.13.5 编程详细操作步骤............140
5.14 工程师经验点评............142

第6章 五轴叶轮加工策略应用讲解............143
6.1 叶轮粗加工............143
6.1.1 叶轮粗加工模型............143
6.1.2 工艺方案............143
6.1.3 准备加工文件............143
6.1.4 创建坐标系............143
6.1.5 编程详细操作步骤............143
6.2 叶轮精加工............147
6.2.1 叶轮精加工模型............147
6.2.2 工艺方案............147
6.2.3 准备加工文件............147
6.2.4 创建坐标系............147
6.2.5 编程详细操作步骤............147
6.3 叶轮沿曲线精加工............151
6.3.1 叶轮沿曲线精加工模型............151
6.3.2 工艺方案............151
6.3.3 准备加工文件............151
6.3.4 创建坐标系............151
6.3.5 编程详细操作步骤............151
6.4 叶片精加工............155
6.4.1 叶片精加工模型............155
6.4.2 工艺方案............155
6.4.3 准备加工文件............155
6.4.4 创建坐标系............155
6.4.5 编程详细操作步骤............155
6.5 工程师经验点评............157

第 7 章 孔加工策略应用讲解............158
7.1 孔加工..............................158
7.1.1 孔加工模型....................158
7.1.2 工艺方案......................158
7.1.3 准备加工文件..................158
7.1.4 创建坐标系....................158
7.1.5 编程详细操作步骤..............158
7.2 固定循环加工......................160
7.2.1 固定循环加工模型..............160
7.2.2 工艺方案......................160
7.2.3 准备加工文件..................160
7.2.4 创建坐标系....................160
7.2.5 编程详细操作步骤..............161
7.3 G01 钻孔加工......................162
7.3.1 G01 钻孔加工模型..............162
7.3.2 工艺方案......................162
7.3.3 准备加工文件..................163
7.3.4 创建坐标系....................163
7.3.5 编程详细操作步骤..............163
7.4 五轴 G01 钻孔加工.................164
7.4.1 五轴 G01 钻孔加工模型.........164
7.4.2 工艺方案......................165
7.4.3 准备加工文件..................165
7.4.4 创建坐标系....................165
7.4.5 编程详细操作步骤..............165
7.5 铣圆孔加工........................167
7.5.1 铣圆孔加工模型................167
7.5.2 工艺方案......................167
7.5.3 准备加工文件..................167
7.5.4 创建坐标系....................167
7.5.5 编程详细操作步骤..............167
7.6 铣螺纹加工........................169
7.6.1 铣螺纹加工模型................169
7.6.2 工艺方案......................169
7.6.3 准备加工文件..................169
7.6.4 创建坐标系....................169
7.6.5 编程详细操作步骤..............169
7.7 工程师经验点评....................171

第 8 章 多轴铣削加工实例：八骏图笔筒......172
8.1 基本设定..........................172

8.1.1 八骏图笔筒模型................172
8.1.2 工艺方案......................172
8.1.3 准备加工文件..................173
8.1.4 创建坐标系....................173
8.1.5 创建毛坯......................173
8.2 编程详细操作步骤..................173
8.2.1 四轴粗加工笔筒................173
8.2.2 四轴精加工笔筒................177
8.3 工程师经验点评....................179

第 9 章 多轴铣削加工实例：技能竞赛 1......180
9.1 基本设定..........................180
9.1.1 技能竞赛 1 模型................180
9.1.2 工艺方案......................180
9.1.3 准备加工文件..................180
9.1.4 创建辅助面和加工坐标系........180
9.2 编程详细操作步骤..................188
9.2.1 前端粗加工....................188
9.2.2 前端侧壁精加工................191
9.2.3 前端槽粗加工..................194
9.2.4 阵列 4 份......................196
9.2.5 中端 1 粗加工..................197
9.2.6 中端 2 粗加工..................199
9.2.7 中端 3 粗加工..................201
9.2.8 中端 3 侧壁精加工..............204
9.3 工程师经验点评....................206

第 10 章 多轴铣削加工实例：技能竞赛 2......207
10.1 基本设定.........................207
10.1.1 技能竞赛 2 模型...............207
10.1.2 工艺方案.....................207
10.1.3 准备加工文件.................207
10.2 编程详细操作步骤.................208
10.2.1 精加工耳朵内侧...............208
10.2.2 精加工耳朵外侧...............211
10.2.3 加工环形槽...................215
10.2.4 精加工前后面.................218
10.2.5 定向加工左侧.................221
10.2.6 精加工内壁...................224
10.3 工程师经验点评..................227

第**1**章

CAXA 制造工程师 2022 基本操作

1.1 CAXA 制造工程师 2022 软件界面介绍

CAXA 制造工程师 2022 软件界面如图 1-1 所示。

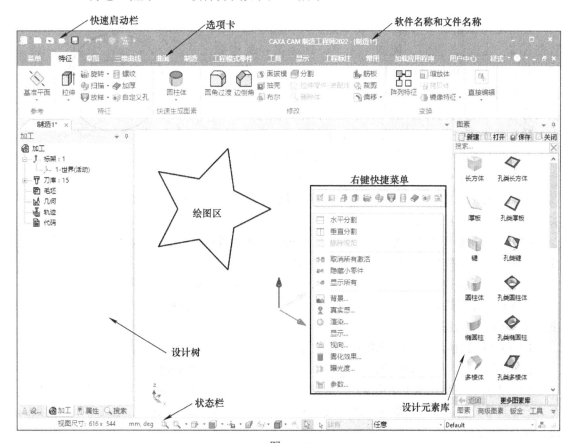

图 1-1

（1）快速启动栏 包括新建、打开、保存、撤销、三维球等，其使用快捷、方便、灵活，还可以自定义。

（2）选项卡　包括特征、草图、三维曲线、制造等，命令可以在相应的选项卡里找到。

（3）软件名称和文件名称　可以看到软件名称版本号和文件名称。

（4）设计元素库　有长方体、圆柱体、孔类圆柱体等非常丰富的图素库可供选择。

（5）右键快捷菜单　在绘图区右击，可以弹出右键菜单。

（6）状态栏　在绘图区的下面，主要有提示、视图尺寸、单位等。

（7）设计树　由设计环境、加工、属性、搜索四部分组成，其中加工是本书主要讲解的内容。

（8）绘图区　包括显示线框、实体、刀路轨迹等。

1.2　CAXA 制造工程师 2022 三维球的应用

　　三维球是一个非常直观的三维图素操作工具。作为强大而灵活的三维空间定位工具，它可以通过平移、旋转和其他复杂的三维空间变换精确定位任何一个三维物体；同时三维球还可以完成对智能图素、零件或组合件生成拷贝、直线阵列、矩形阵列和圆形阵列的操作功能。

　　三维球可以附着在多种三维物体之上。在选中零件、智能图素、锚点、表面、视向、光源、动画路径关键帧等三维元素后，可通过单击快速启动栏上的三维球工具按钮 ◎ 打开三维球，使三维球附着在这些三维物体之上，从而方便地对它们进行移动、相对定位和距离测量。

　　默认状态下三维球的形状如图 1-2 所示。三维球拥有三个外部约束控制手柄（长轴），三个定向控制手柄（短轴），一个中心点。它主要的功能是解决软件应用中元素、零件，

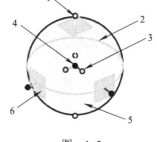

图　1-2

以及装配体的空间点定位、空间角度定位的问题。其中，长轴解决空间约束定位；短轴解决实体的方向；中心点解决定位。

　　（1）外控制柄（图 1-2 中 1）　单击它可用来对轴线进行暂时的约束，使三维物体只能进行沿此轴线上的线性平移，或绕此轴线进行旋转。

　　（2）圆周（图 1-2 中 2）　拖动这里，可以围绕一条从视点延伸到三维球中心的虚拟轴线旋转。

　　（3）定向控制柄（图 1-2 中 3）　用来将三维球中心作为一个固定的支点，进行对象的定向。主要有两种使用方法：

　　1）拖动控制柄，使轴线对准另一个位置。

　　2）右击鼠标，然后从弹出的快捷菜单中选择一个项目进行定向。

　　（4）中心控制柄（图 1-2 中 4）　主要用来进行点到点的移动。使用的方法是将它直接拖至另一个目标位置，或右击鼠标，然后从弹出的快捷菜单中挑选一个选项。它还可以与约束的轴线配合使用。

　　（5）内侧（图 1-2 中 5）　在这个空白区域内侧拖动进行旋转。也可以在这里右击鼠标，弹出各种选项，可对三维球进行设置。

　　（6）二维平面（图 1-2 中 6）　拖动这里，可以在选定的虚拟平面中移动。

一般情况下，在进行三维球的移动、旋转等操作中，鼠标的左键不能实现复制的功能，鼠标的右键可以实现元素、零件、装配体的复制功能和平移功能。

在软件的初始化状态下，三维球最初是附着在元素、零件、装配体的定位锚上。特别对于智能图素，三维球与智能图素是完全相符的，三维球的轴向与图素的边、轴向是完全平行或重合的，三维球的中心点与智能图素的中心点是完全重合的。三维球与附着图素的脱离通过单击键盘的空格键实现。三维球脱离后，移动到规定的位置，一定要再一次单击空格键，三维球可再次附着在图素上。

以上是在默认状态下三维球的设置，还可以通过右击绘图区出现的右键快捷菜单对三维球进行其他设置，如图 1-3 所示。

选择"显示所有操作柄"后三维球如图 1-4 所示。

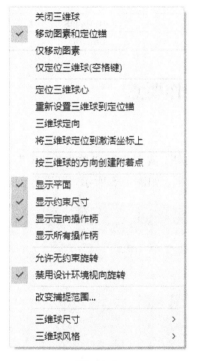

图　1-3

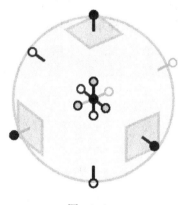

图　1-4

选择"允许无约束旋转"后，将鼠标放到三维球内部时，鼠标形状变成，此时三维球附着的三维物体可以围绕三维球中心更自由的旋转，而不必局限于围绕从视点延伸到三维球中心的虚拟轴线旋转。

三维球的位置和方向变化后，当前的位置和方向默认被记住。

1.3　CAXA 制造工程师 2022 快捷键的使用技巧

CAXA 制造工程师 2022 系统默认的常用功能快捷键见表 1-1。读者也可根据个人工作习惯来自定义快捷键。定义快捷键可以通过单击"菜单"→"显示"→"工具条"，弹出自定义对话框，单击"键盘"选项卡来自定义快捷键。

表 1-1

功　　能	快　捷　键
俯视图	F5
主视图	F7
右视图	F6
F.T.R 视图	F8
开启 / 关闭三维球	F10
打开	Ctrl +O
关闭	Ctrl +W
保存	Ctrl +S
快速新建制造文件	Alt +2
快速新建图纸文件	Alt +7
显示 / 隐藏选项卡	Ctrl+Shift+R
显示 / 隐藏功能区	Ctrl +F1

1.4　CAXA 制造工程师 2022 基本操作要点

1.4.1　创建坐标系

在"制造"菜单的"创建"栏中，单击"坐标系"按钮，或在设计树单击"加工"→右击"标架"→选择"创建坐标系"，弹出"创建坐标系"对话框，如图 1-5 所示，可进行创建坐标系。

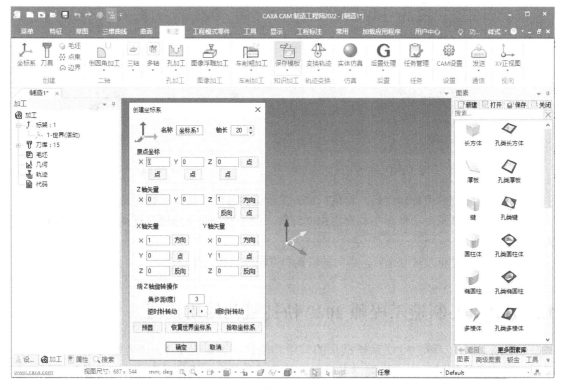

图　1-5

在打开软件时，系统会自行生成一个世界坐标系，此时所有加工功能将默认在世界坐标系下生成轨迹。用户也可以使用坐标系功能自行创建新的坐标系，并在新坐标系下生成轨迹。

通过定义新坐标系的名称、原点坐标、XYZ 轴的矢量等参数，就可以生成用户自己的坐标系。新生成的坐标系将自动被激活，成为后续加工功能的默认坐标系。也可以在设计树的标架上选择需要激活的坐标系，单击右键，在弹出的右键菜单中，使用"激活命令"来手动激活某个坐标系。

1.4.2 创建刀具

在"制造"菜单的"创建"栏中，单击"刀具"按钮即可打开"创建刀具"对话框，进行创建刀具。系统会默认创建一把 ϕ10mm 的立铣刀。

在创建刀具时，可以选择包括立铣刀、圆角铣刀在内的常用刀具共 19 种。每个刀具都需要分别定义刀具几何参数和速度参数。

例如创建圆角铣刀（具体参数应参照实际加工参数设置）需要创建的参数如下：

（1）刀具的几何参数 圆角铣刀的几何参数如图 1-6 所示，刀具种类不同，参数页中包含的几何参数也有所不同。部分参数说明如下：

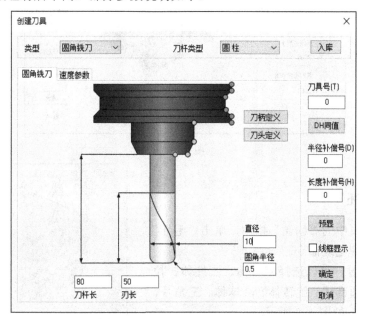

图 1-6

1）刀具号：刀具在加工中心里的位置编号，便于加工过程中换刀。

2）半径补偿号：刀具半径补偿值对应的编号。

3）直径：切削刃部分最大截面圆的直径。

4）圆角半径：切削刃部分球形轮廓区域的半径，只对铣刀有效。

5）刀柄定义：刀柄部分截面圆的半径。

6）刃长：切削刃部分的长度。

7）刀杆长：刀杆部分的长度。

（2）刀具的切削用量 设定轨迹各位置的相关进给速度及主轴转速。切削用量参数页如图 1-7 所示：

1）主轴转速：设定主轴转速的大小，单位为 r/min。

2）慢速下刀速度（F0）：设定慢速下刀轨迹段的进给速度的大小，单位为 mm/min。

3）切入切出连接速度（F1）：设定切入轨迹段、切出轨迹段、连接轨迹段、接近轨迹段、返回轨迹段的进给速度的大小，单位为 mm/min。

4）切削速度（F2）：设定切削轨迹段的进给速度的大小，单位为 mm/min。

5）退刀速度（F3）：设定退刀轨迹段的进给速度的大小，单位为 mm/min。

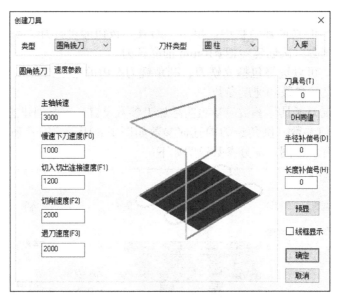

图 1-7

1.4.3 创建毛坯

在"制造"页中的"创建"栏中，单击"毛坯"按钮即可进入创建毛坯命令。

在定义毛坯时，可以选择立方体、圆柱体、拉伸体、圆柱环、圆锥体、旋转体、圆球体、三角片，共八类毛坯形状，如图 1-8 所示。

一般创建毛坯时，选择完毛坯形状后，单击"拾取参考模型"按钮。

1.4.4 后置处理

在"制造"菜单的"后置"栏中，选择要生成代码的刀具路径→单击"后置处理"，或在设计树中单击"加工"→"轨迹"，右击要生成代码的刀具路径→选择"后置处理"，弹出"后置处理"对

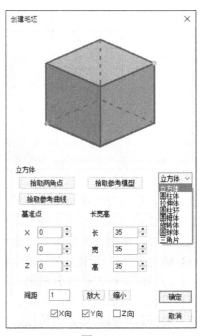

图 1-8

话框，"控制系统"选择"Fanuc"，"设备配置"选择"铣加工中心 _3X"，单击"后置"，
如图 1-9 所示，完成后置处理设置。

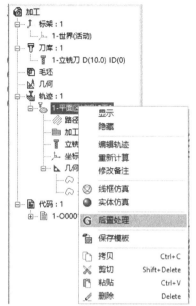

图　1-9

第 2 章

二轴加工策略应用讲解

2.1 平面区域粗加工

2.1.1 平面区域粗加工文件

平面区域粗加工文件如图 2-1 所示。本节主要介绍平面区域粗加工的使用。材质为 6061 硬铝。

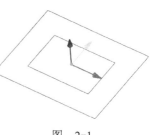

图 2-1

2.1.2 工艺方案

平面区域粗加工文件的加工工艺方案如表 2-1 所示。

表 2-1

工 序 号	加 工 内 容	加 工 方 式	机 床	刀 具
1	粗加工	平面区域粗加工	三轴机床	ϕ10mm 立铣刀
2	精加工底面	平面区域粗加工	三轴机床	ϕ10mm 立铣刀

此类零件装夹比较简单,利用平口钳夹持即可。

2.1.3 准备加工文件

打开 CAXA 制造工程师 2022 软件,进入三维曲线,用三维曲线中的矩形分别绘制 100mm×80mm、60mm×40mm 两个矩形,假定 60mm×40mm 矩形高 10mm。

2.1.4 创建坐标系

用系统自动生成的一个世界坐标系即可。

2.1.5 粗加工

步骤: 单击"制造"→"二轴"→"平面区域粗加工"→弹出"创建:平面区域粗加工"对话框→选择"几何"→选择必要(是必须选择的图形)"轮廓曲线"→弹出"轮廓拾取工具"对话框→选择拾取元素类型"3D 曲线"→选择拾取方式"链拾取"(图 2-2)→单击 ✓,

返回"创建：平面区域粗加工"对话框。单击"岛屿曲线"→弹出"轮廓拾取工具"对话框→选择拾取元素类型"3D曲线"→选择拾取方式"链拾取"（图2-3）→单击 ✓ →返回"创建：平面区域粗加工"对话框。

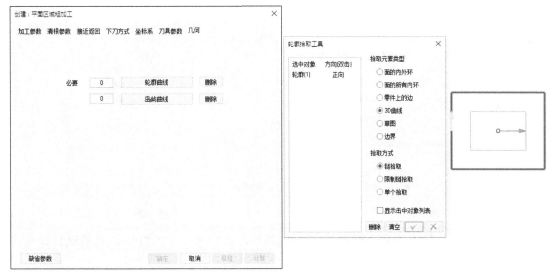

图 2-2

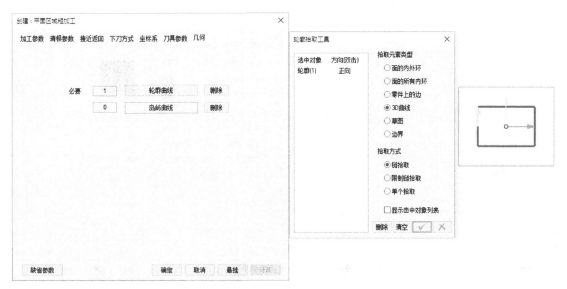

图 2-3

需要设定的参数如下：

1）加工参数：走刀方式"环切加工"→"从外向里"；拐角过渡方式"圆弧"；拔模基准"底层为基准"；轮廓参数→余量"0"，斜度"0"，补偿"ON"；岛屿参数→余量"0.3"，斜度"0"，补偿"TO"；加工参数→顶层高度"0"，底层高度"–9.7"，每层下降高度"2"，行距"7"，加工精度"0.01"，如图2-4所示。

2）清根参数：岛清根"清根"，岛清根余量"0.3"，其余默认即可，如图2-5所示。

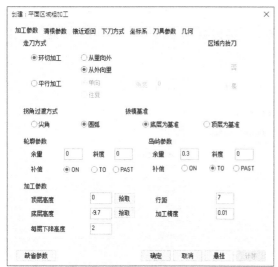

图 2-4

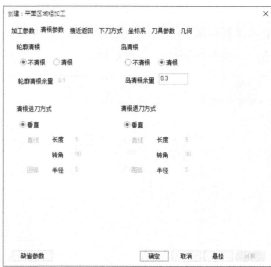

图 2-5

3）接近返回：接近方式"强制"，X "–50"，Y "–50"，Z "0"，其他默认即可，如图 2-6 所示。

4）下刀方式：安全高度（H0）"30"，慢速下刀距离（H1）"10"，退刀距离（H2）"10"，切入方式"垂直"，如图 2-7 所示。

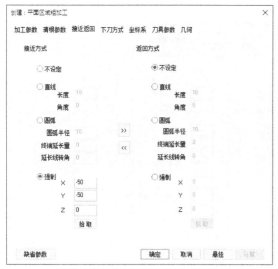

图 2-6

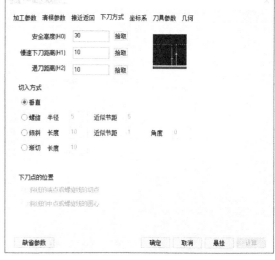

图 2-7

5）坐标系：默认世界坐标系即可。

6）刀具参数：类型"立铣刀"，刀杆类型"圆柱"，刀具号（T）"1"，单击"DH 同值"，刀杆长"35"，刃长"30"，直径"10"，如图 2-8 所示；单击"速度参数"→主轴转速"4500"，慢速下刀速度（F0）"2000"，切入切出连接速度（F1）"2000"，切削速度（F2）"2500"，退刀速度（F3）"3000"。

7）单击"确定"按钮，执行刀具路径运算，刀具路径运算结果如图 2-9 所示。

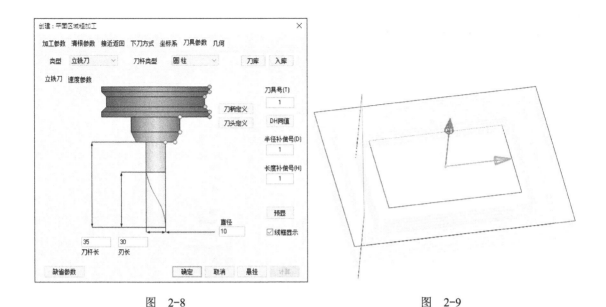

图 2-8   图 2-9

2.1.6 精加工底面

步骤： 单击"制造"→"二轴"→"平面区域粗加工"→弹出"创建：平面区域粗加工"对话框→选择"几何"→选择必要"轮廓曲线"→弹出"轮廓拾取工具"对话框→选择拾取元素类型"3D曲线"→选择拾取方式"链拾取"，拾取图素（图2-10）→单击 ✓，返回"创建：平面区域粗加工"对话框。单击"岛屿曲线"→弹出"轮廓拾取工具"对话框→选择拾取元素类型"3D曲线"→选择拾取方式"链拾取"，拾取图素（图2-11）→单击 ✓，返回"创建：平面区域粗加工"对话框。

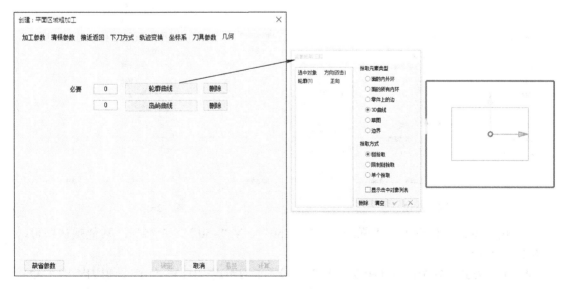

图 2-10

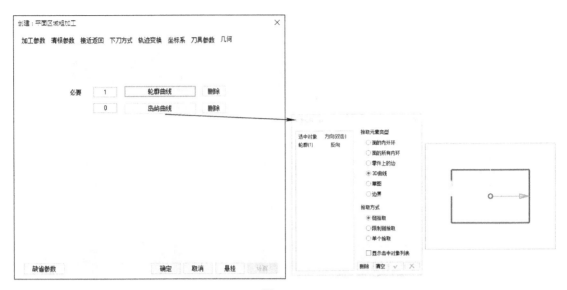

图　2-11

需要设定的参数如下：

1）加工参数：走刀方式"环切加工"，"从外向里"；拐角过渡方式"圆弧"；拔模基准"底层为基准"；轮廓参数→余量"0"，斜度"0"，补偿"ON"；岛屿参数→余量"0.05"，斜度"0"，补偿"TO"；加工参数→顶层高度"0"，底层高度"-10"，每层下降高度"10"，行距"7"，加工精度"0.01"，如图 2-12 所示。

2）清根参数：岛清根"清根"，岛清根余量"0.05"，其余默认即可，如图 2-13 所示。

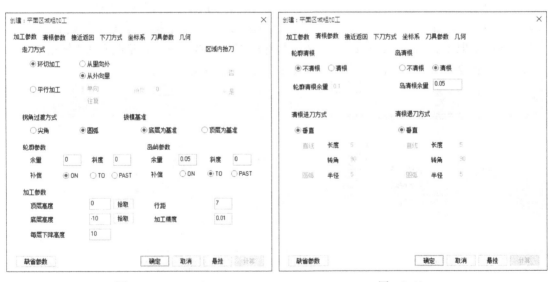

图　2-12　　　　　　　　　　　　　图　2-13

3）接近返回：接近方式"强制"，X "-50"，Y "-50"，Z "0"，其他默认即可，如图 2-14 所示。

4）下刀方式：安全高度（H0）"30"，慢速下刀距离（H1）"10"，退刀距离（H2）"10"，切入方式"垂直"，如图 2-15 所示。

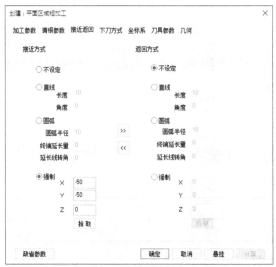

图　2-14

图　2-15

5）坐标系：默认世界坐标系即可。

6）刀具参数：类型"立铣刀"，刀杆类型"圆柱"，刀具号（T）"1"，单击"DH同值"，刀杆长"35"，刃长"30"，直径"10"，如图2-16所示；单击"速度参数"→主轴转速"4500"，慢速下刀速度（F0）"2000"，切入切出连接速度（F1）"2000"，切削速度（F2）"600"，退刀速度（F3）"3000"。

7）单击"确定"按钮，执行刀具路径运算，刀具路径运算结果如图2-17所示。

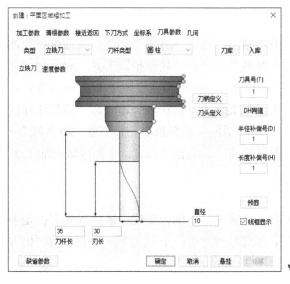

图　2-16

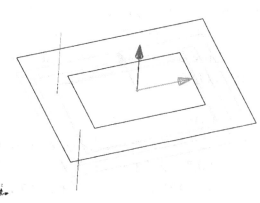

图　2-17

2.2 平面区域粗加工 2

2.2.1 平面区域粗加工 2 文件

平面区域粗加工 2 文件如图 2-1 所示。本节主要介绍平面区域粗加工 2 的使用。在这个例子中使用线框进行刀路的编制,材质为 6061 硬铝。

2.2.2 工艺方案

平面区域粗加工 2 文件的加工工艺方案如表 2-2 所示。

表 2-2

加 工 内 容	加 工 方 式	机 床	刀 具
粗加工	平面区域粗加工 2	三轴机床	ϕ10mm 立铣刀

此类零件装夹比较简单,利用平口钳夹持即可。

2.2.3 准备加工文件

打开 CAXA 制造工程师 2022 软件,进入三维曲线,用三维曲线中的矩形分别绘制 100mm×80mm、60mm×40mm 两个矩形,假定 60mm×40mm 矩形高 10mm。

2.2.4 创建坐标系

用系统自动生成的一个世界坐标系即可。

2.2.5 粗加工

步骤:单击"制造"→"二轴"→"平面区域粗加工 2"→弹出"创建:平面区域粗加工 2"对话框→选择"几何"→选择必要"加工区域"→弹出"轮廓拾取工具"对话框→选择拾取元素类型"3D 曲线"→选择拾取方式"链拾取",拾取图素(图 2-18)→单击✓,返回"创建:平面区域粗加工 2"对话框。加工区域类型"开放区域",勾选"添加避让区域",选择必要"避让区域"→弹出"轮廓拾取工具"对话框→选择拾取元素类型"3D 曲线"→选择拾取方式"链拾取",拾取图素(图 2-19)→单击✓,返回"创建:平面区域粗加工 2"对话框。

需要设定的参数如下:

1)加工参数:加工方式"往复";加工方向"顺铣";优先策略"区域优先";走刀方式"环切";余量和精度→加工余量"0.3",加工精度"0.1";层参数→顶层高度"0",底层高度"-9.7",层高"2";行距"7",如图 2-20 所示。

2)区域参数:默认即可。

3)连接参数:空切区域→安全高度"30";其他默认即可,如图 2-21 所示。

4）轨迹变换：默认即可（通过圆柱包裹可生成四轴刀路）。

5）坐标系：默认世界坐标系即可。

6）刀具参数：类型"立铣刀"，刀杆类型"圆柱"，刀具号"1"，单击"DH 同值"，刀杆长"35"，刃长"30"，直径"10"，如图 2-22 所示；单击"速度参数"→主轴转速"4500"，慢速下刀速度（F0）"2000"，切入切出连接速度（F1）"2000"，切削速度（F2）"2500"，退刀速度（F3）"3000"。

7）单击"确定"按钮，执行刀具路径运算，刀具路径运算结果如图 2-23 所示。

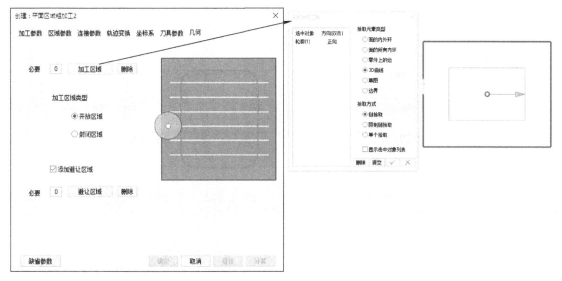

图　2-18

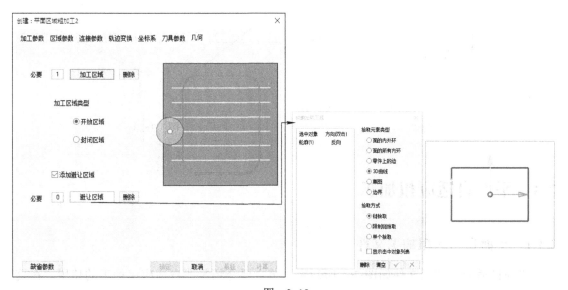

图　2-19

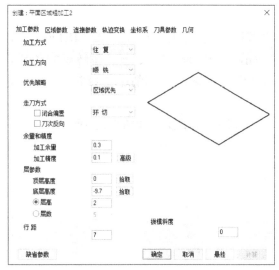

图 2-20

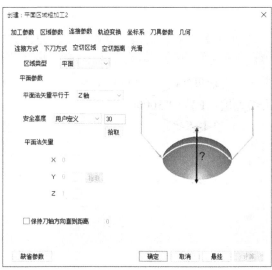

图 2-21

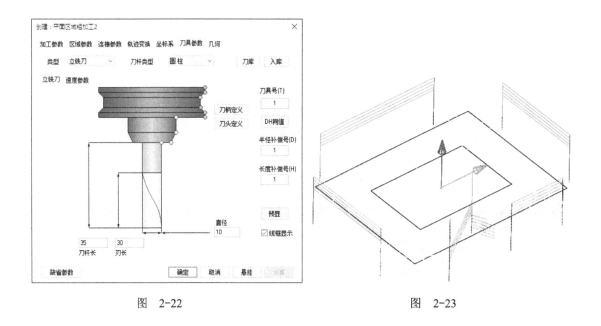

图 2-22   图 2-23

2.3 平面自适应粗加工

2.3.1 平面自适应粗加工文件

平面自适应粗加工文件如图 2-1 所示。本节主要介绍平面自适应粗加工的使用。在这个例子中使用线框进行刀路的编制，材质为 6061 硬铝。

2.3.2 工艺方案

平面自适应粗加工文件的加工工艺方案如表 2-3 所示。

表 2-3

加 工 内 容	加 工 方 式	机 床	刀 具
粗加工	平面自适应粗加工	三轴机床	ϕ10mm 立铣刀

此类零件装夹比较简单，利用平口钳夹持即可。

2.3.3 准备加工文件

打开 CAXA 制造工程师 2022 软件，进入三维曲线，用三维曲线中的矩形分别绘制 100mm×80mm、60mm×40mm 两个矩形，假定 60mm×40mm 矩形高 10mm。

2.3.4 创建坐标系

用系统自动生成的一个世界坐标系即可。

2.3.5 粗加工

步骤: 单击"制造"→"二轴"→"平面自适应粗加工"→弹出"创建: 平面自适应粗加工"对话框→选择"几何"→选择必要"加工区域"→弹出"轮廓拾取工具"对话框→选择拾取元素类型"3D 曲线"→选择拾取方式"链拾取"，拾取图素（图 2-24）→单击 ，返回"创建: 平面自适应粗加工"对话框。加工区域类型"开放区域"，勾选"添加避让区域"，选择必要"避让区域"→弹出"轮廓拾取工具"对话框→选择拾取元素类型"3D 曲线"→选择拾取方式"链拾取"，拾取图素（图 2-25）→单击 ，返回"创建: 平面自适应粗加工"对话框。

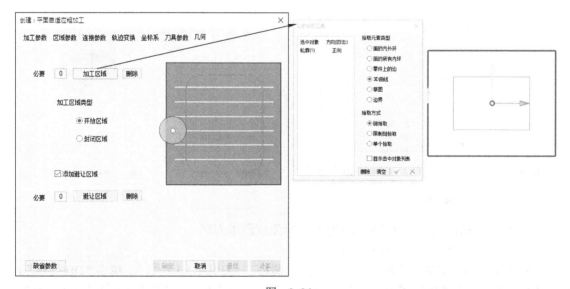

图 2-24

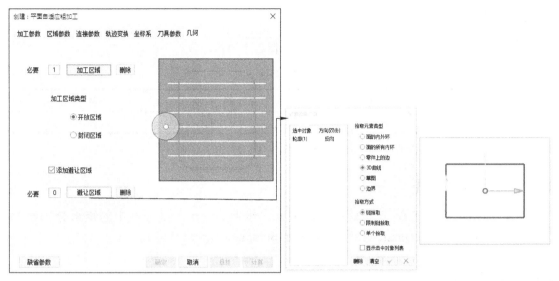

图 2-25

需要设定的参数如下：

1）加工参数：加工方式"往复"；加工方向"顺铣"；优先策略"区域优先"；余量和精度→加工余量"0.3"，加工精度"0.1"；层参数→顶层高度"0"，底层高度"-9.7"，层高"10"；行距→最大行距"2"，如图 2-26 所示。

2）区域参数：默认即可。

3）连接参数：空切区域→安全高度"30"，其他默认即可，如图 2-27 所示。

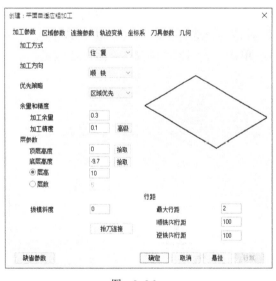

图 2-26

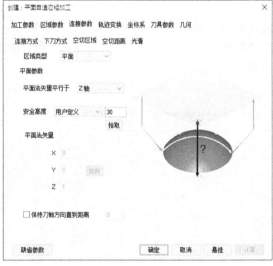

图 2-27

4）轨迹变换：默认即可（通过圆柱包裹可生成四轴刀路）。

5）坐标系：默认世界坐标系即可。

6）刀具参数：类型"立铣刀"，刀杆类型"圆柱"，刀具号（T）"1"，单击"DH 同值"，刀杆长"35"，刃长"30"，直径"10"，如图 2-28 所示；单击"速度参数"→主轴转速"4500"，慢速下刀速度（F0）"2000"，切入切出连接速度（F1）"2000"，切削速度（F2）"2500"，退刀速度（F3）"3000"。

7）单击"确定"按钮，执行刀具路径运算，刀具路径运算结果如图 2-29 所示。

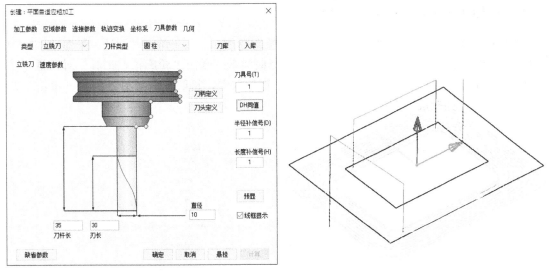

图 2-28　　　　　　　　　　　　　　　　图 2-29

2.4　平面轮廓精加工 1

2.4.1　平面轮廓精加工 1 文件

平面轮廓精加工 1 文件如图 2-1 所示。本节主要介绍平面轮廓精加工 1 的使用，材质为 6061 硬铝。

2.4.2　工艺方案

平面轮廓精加工 1 文件的加工工艺方案如表 2-4 所示。

表　2-4

加工内容	加工方式	机　床	刀　具
精加工 60mm×40mm 矩形	平面轮廓精加工 1	三轴机床	ϕ10mm 立铣刀

此类零件装夹比较简单，利用平口钳夹持即可。

2.4.3　准备加工文件

打开 CAXA 制造工程师 2022 软件，进入三维曲线，用三维曲线中的矩形分别绘制 100mm×80mm、60mm×40mm 两个矩形，假定精加工 60mm×40mm 矩形高 10mm。

2.4.4　创建坐标系

用系统自动生成的一个世界坐标系即可。

2.4.5　精加工 60mm×40mm 矩形

步骤：单击"制造"→"二轴"→"平面轮廓精加工 1"→弹出"创建：平面轮廓精加工 1"对话框→选择"几何"→选择必要"轮廓曲线"→弹出"轮廓拾取工具"对话框→选择拾取元素类型"3D 曲线"→选择拾取方式"链拾取"，拾取图素（图 2-30）→单击 ✓，返回"创建：平面轮廓精加工 1"对话框。

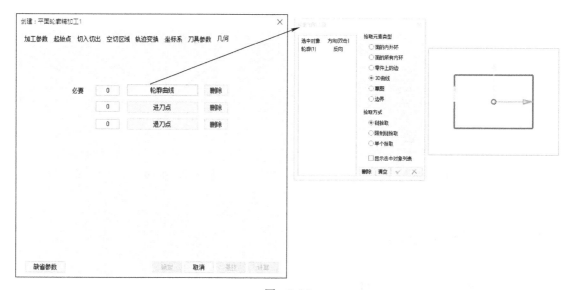

图　2-30

需要设定的参数如下：

1）加工参数：加工参数→加工精度"0.01"，刀次"1"，顶层高度"0"，底层高度"-9.95"层高，"10"（每层下降高度）；偏移方向"左偏"；行距定义方式"行距方式，加工余量"0"；偏移类型"TO"；其他选项→补偿方式"计算机补偿"，如图 2-31 所示。

2）起始点：默认即可。

3）切入切出：切入方式"圆弧"，半径"3"，圆心角"90"；切出方式"圆弧"，半径"3"，圆心角"90"，如图 2-32 所示。

4）空切区域：区域类型"平面"；平面→起始高度（绝对）"30"，安全高度（绝对）"10"，如图 2-33 所示。

5）轨迹变换：默认即可。

6）坐标系：默认世界坐标系即可。

7）刀具参数：类型"立铣刀"，刀杆类型"圆柱"，刀具号（T）"1"，单击"DH 同值"，刀杆长"35"，刃长"30"，直径"10"，如图 2-34 所示；单击"速度参数"→主轴转速"4500"，慢速下刀速度（F0）"2000"，切入切出连接速度（F1）"300"，切削速度（F2）"600"，退刀速度（F3）"3000"。

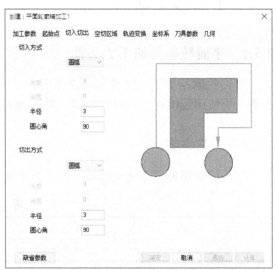

图 2-31　　　　　　　　　　　　　图 2-32

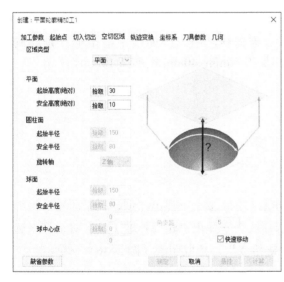

图 2-33　　　　　　　　　　　　　图 2-34

8）单击"确定"按钮，执行刀具路径运算，刀具路径运算结果如图 2-35 所示。

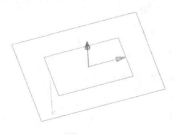

图 2-35

2.5 平面轮廓精加工 2

2.5.1 平面轮廓精加工 2 文件

平面轮廓精加工 2 文件如图 2-1 所示。本节主要介绍平面轮廓精加工 2 的使用。在这个例子中使用线框进行刀路的编制。材质为 6061 硬铝。

2.5.2 工艺方案

平面轮廓精加工 2 文件的加工工艺方案如表 2-5 所示。

表 2-5

加 工 内 容	加 工 方 式	机 床	刀 具
精加工 60mm×40mm 矩形	平面轮廓精加工 2	三轴机床	ϕ10mm 立铣刀

此类零件装夹比较简单，利用平口钳夹持即可。

2.5.3 准备加工文件

打开 CAXA 制造工程师 2022 软件，进入三维曲线，用三维曲线中的矩形分别绘制 100mm×80mm、60mm×40mm 两个矩形，假定精加工 60mm×40mm 矩形高 10mm。

2.5.4 创建坐标系

用系统自动生成的一个世界坐标系即可。

2.5.5 精加工 60mm × 40mm 矩形

步骤：单击"制造"→"二轴"→"平面轮廓精加工 2"→弹出"创建：平面轮廓精加工 2"对话框→选择"几何"→选择必要"轮廓曲线"→弹出"轮廓拾取工具"对话框→选择拾取元素类型"3D 曲线"→选择拾取方式"链拾取"，拾取图素（图 2-36）→单击 ✓，返回"创建：平面轮廓精加工 2"对话框。

需要设定的参数如下：

1）加工参数：加工方式"往复"；加工方向"顺铣"；优先策略"区域优先"；加工顺序"从上向下"；余量和精度→加工余量"0"，加工精度"0.01"；层参数→顶层高度"0"，底层高度"–9.95"，层高"10"；半径补偿→补偿方式"计算机补偿"，加工侧"左侧"，拔模斜度"0"；如图 2-37 所示。

2）区域参数：默认即可，如图 2-38 所示。

3）连接参数：如图 2-39 所示。

① 起始 / 结束段：接近方式"从安全距离接近"，勾选"加切入"；返回方式"返回到安全距离"，勾选"加切出"。

② 空切区域：区域类型"平面"；平面参数：平面法矢量平行于"Z 轴"，安全高度"用户定义""30"。

③ 切入参数：选项"相切圆弧"，刀轴方向"固定"；参数：选择"直径 / 角度"，圆心角"90"，弧直径 / 刀具直径 %"100"，高度"0"，进给率 %"100"。

④ 切出参数：单击"拷贝切入"，按默认即可。

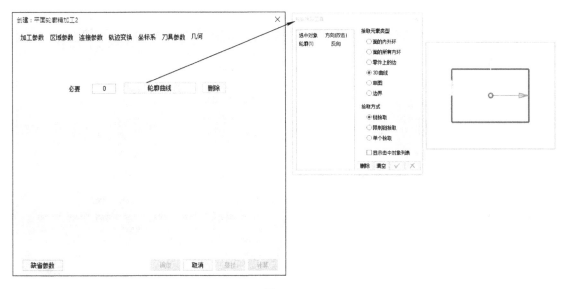

图　2-36

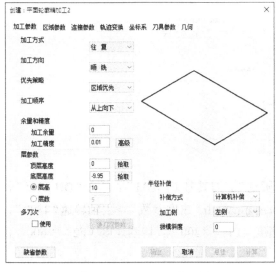

图　2-37

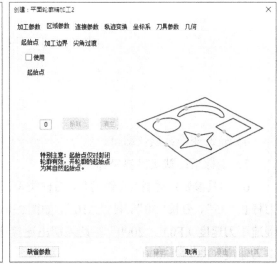

图　2-38

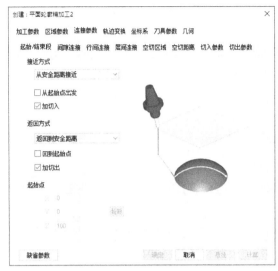
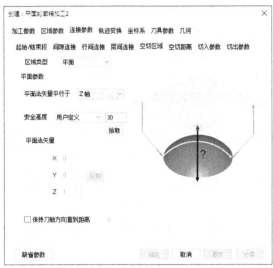
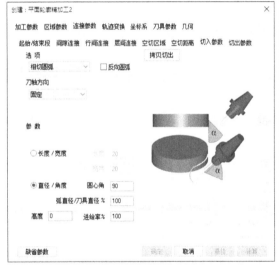
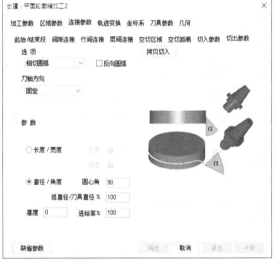

图 2-39

4）轨迹变换：默认即可。

5）坐标系：默认世界坐标系即可。

6）刀具参数：类型"立铣刀"，刀杆类型"圆柱"，刀具号（T）"1"，单击"DH 同值"，刀杆长"35"，刃长"30"，直径"10"，如图 2-40 所示；单击"速度参数"→主轴转速"4500"，慢速下刀速度（F0）"2000"，切入切出连接速度（F1）"300"，切削速度（F2）"600"，退刀速度（F3）"3000"。

7）单击"确定"按钮，执行刀具路径运算，刀具路径运算结果如图 2-41 所示。

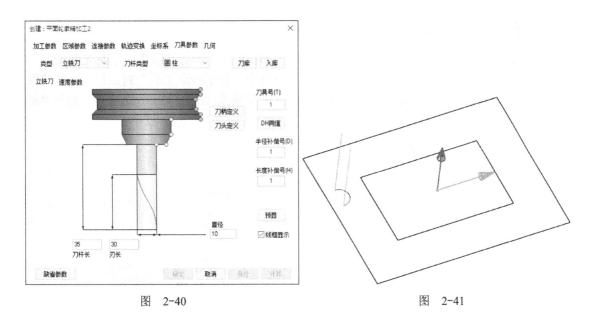

图 2-40　　　　　　　　　　　　　　　　图 2-41

2.6　平面光铣加工

2.6.1　平面光铣加工文件

平面光铣加工文件如图 2-1 所示。本节主要介绍平面光铣加工的使用。在这个例子中使用线框进行刀路的编制。材质为 6061 硬铝。

2.6.2　工艺方案

平面光铣加工文件的加工工艺方案如表 2-6 所示。

表　2-6

加 工 内 容	加 工 方 式	机　床	刀　具
精加工 60mm×40mm 矩形上表面	平面光铣加工	三轴机床	ϕ10mm 立铣刀

此类零件装夹比较简单，利用平口钳夹持即可。

2.6.3　准备加工文件

打开 CAXA 制造工程师 2022 软件，进入三维曲线，用三维曲线中的矩形分别绘制100mm×80mm、60mm×40mm 两个矩形，假定精加工 60mm×40mm 凸台上表面。

2.6.4　创建坐标系

用系统自动生成的一个世界坐标系即可。

2.6.5 精加工 60mm×40mm 矩形上表面

步骤：单击"制造"→"二轴"→"平面光铣加工"→弹出"创建：平面光铣加工"对话框→选择"几何"→选择必要"轮廓曲线"→弹出"轮廓拾取工具"对话框→选择拾取元素类型"3D 曲线"→选择拾取方式"链拾取"，拾取图素（图 2-42）→单击✓，返回"创建：平面光铣加工"对话框。

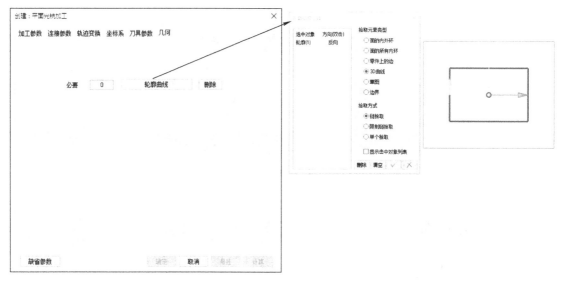

图 2-42

需要设定的参数如下：

1）加工参数：加工方式"往复"；起始方位"左下"；余量和精度→加工余量"0"，加工精度"0.01"；行距和角度→最大行距"7"，加工角度"0"；延伸量→切入延伸量"1"，切出延伸量"1"，如图 2-43 所示。

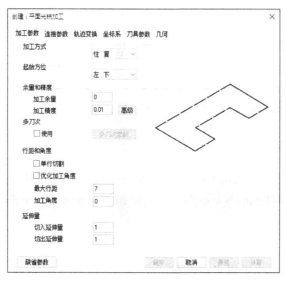

图 2-43

2）连接参数：连接方式→行间连接"光滑连接"，其他默认。空切区域→区域类型"平面"；平面参数→平面法矢量平行于"Z轴"，安全高度"用户定义""30"。如图 2-44 所示。

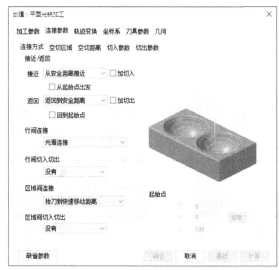
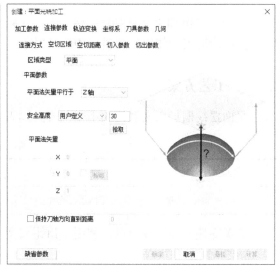

图　2-44

3）轨迹变换：默认即可。

4）坐标系：默认世界坐标系即可。

5）刀具参数：类型"立铣刀"，刀杆类型"圆柱"，刀具号（T）"1"，单击"DH同值"，刀杆长"35"，刃长"30"，直径"10"，如图 2-45 所示；单击"速度参数"→主轴转速"4500"，慢速下刀速度（F0）"2000"，切入切出连接速度（F1）"800"，切削速度（F2）"800"，退刀速度（F3）"3000"。

6）单击"确定"按钮，执行刀具路径运算，刀具路径运算结果如图 2-46 所示。

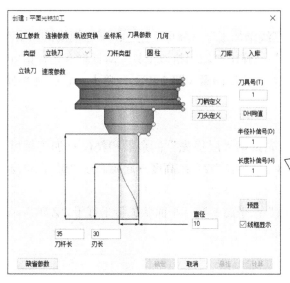

图　2-45

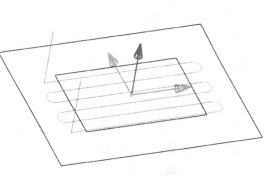

图　2-46

2.7 平面摆线槽加工

2.7.1 平面摆线槽加工文件

平面摆线槽加工文件如图 2-47 所示。本节主要介绍平面摆线槽加工的使用。材质为 6061 硬铝。

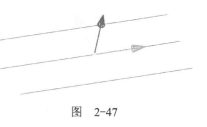

图 2-47

2.7.2 工艺方案

平面摆线槽加工文件的加工工艺方案如表 2-7 所示。

表 2-7

加 工 内 容	加 工 方 式	机 床	刀 具
粗加工宽 40mm 的槽	平面摆线槽加工	三轴机床	ϕ10mm 立铣刀

此类零件装夹比较简单,利用平口钳夹持即可。

2.7.3 准备加工文件

打开 CAXA 制造工程师 2022 软件,用三维曲线中的直线分别绘制 100mm 间距 40mm、在两条线中间绘制一条 100mm 长的直线左边延长 5mm,假定槽深 10mm。

2.7.4 创建坐标系

用系统自动生成的一个世界坐标系即可。

2.7.5 粗加工宽 40mm 的槽

步骤:单击"制造"→"二轴"→"平面摆线槽加工"→弹出"创建:平面摆线槽加工"对话框→选择"几何"→选择必要"槽中轴线"→弹出"轮廓拾取工具"对话框→选择拾取元素类型"3D 曲线"→选择拾取方式"链拾取",拾取图素(图 2-48)→单击 ✓,返回"创建:平面摆线槽加工"对话框。

需要设定的参数如下:

1)加工参数:加工方向"顺时针";优先策略"层优先";余量和精度→加工精度"0.01";行距"2";宽度和半径→槽宽"39.8",半径"2";高度→起始高度"0",总层高"10",单层高"10",如图 2-49 所示。

2)连接参数:空切区域→区域类型"平面";平面参数→平面法矢量平行于"Z 轴",安全高度"用户定义""30",如图 2-50 所示。

3)干涉检查:默认即可。

4)轨迹变换:默认即可。

5）坐标系：默认世界坐标系即可。

6）刀具参数：类型"立铣刀"，刀杆类型"圆柱"，刀具号（T）"1"，单击"DH同值"，刀杆长"35"，刃长"30"，直径"10"，如图2-51所示；单击"速度参数"→主轴转速"4500"，慢速下刀速度（F0）"2000"，切入切出连接速度（F1）"2000"，切削速度（F2）"2500"，退刀速度（F3）"3000"。

7）单击"确定"按钮，执行刀具路径运算，刀具路径运算结果如图2-52所示。

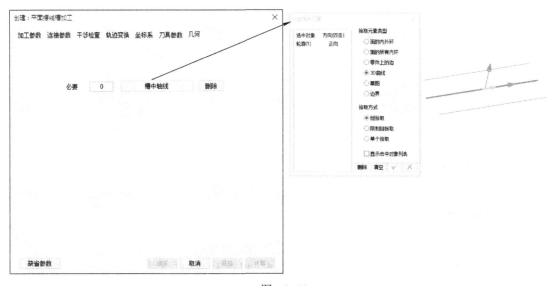

图 2-48

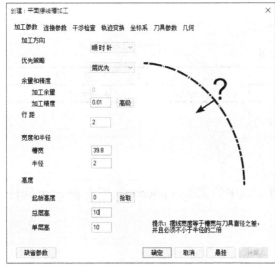

图 2-49

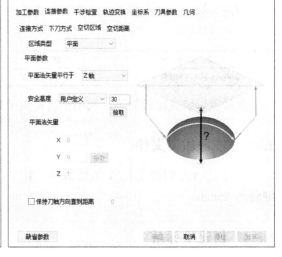

图 2-50

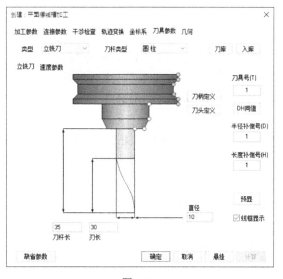

图 2-51

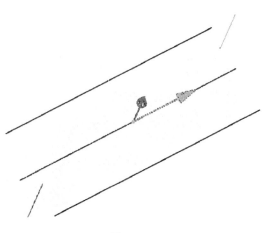

图 2-52

2.8 倒圆角加工

2.8.1 倒圆角加工文件

倒圆角加工文件如图 2-53 所示。本节主要介绍倒圆角加工的使用。在这个例子中使用线框进行刀路的编制。材质为 6061 硬铝。

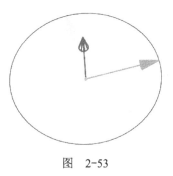

图 2-53

2.8.2 工艺方案

倒圆角加工文件的加工工艺方案如表 2-8 所示。

表 2-8

加 工 内 容	加 工 方 式	机 床	刀 具
ϕ60mm 圆柱倒圆角 R5mm	倒圆角加工	三轴机床	ϕ10mm 球头铣刀

此类零件装夹比较简单，利用平口钳夹持即可。

2.8.3 准备加工文件

打开 CAXA 制造工程师 2022 软件，用三维曲线中的圆绘制 ϕ60mm，假定 ϕ60mm 圆柱倒圆角 R5mm。

2.8.4 创建坐标系

用系统自动生成的一个世界坐标系即可。

2.8.5 *Φ*60mm 圆柱倒圆角 *R*5mm

步骤：单击"制造"→"二轴"→"倒圆角加工"→弹出"创建：倒圆角加工"对话框→选择"几何"→选择必要"轮廓曲线"→弹出"轮廓拾取工具"对话框→选择拾取元素类型"3D 曲线"→选择拾取方式"链拾取"，拾取图素→单击 ✓，返回"创建：倒圆角加工"对话框；轮廓曲线位置"轮廓（B）"，如图 2-54 所示。

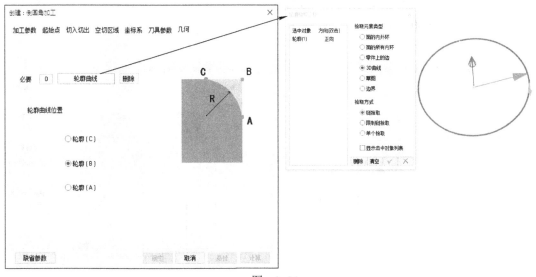

图 2-54

需要设定的参数如下：

1）加工参数：偏移方向"右偏"；加工顺序"从上往下"；走刀方式"往复"；参数→圆角半径（R）"5"，圆心角增量"1.5"；余量和精度→加工余量"0"，加工精度"0.01"，如图 2-55 所示。

2）起始点：默认即可。

3）切入切出：默认即可，如图 2-56 所示。

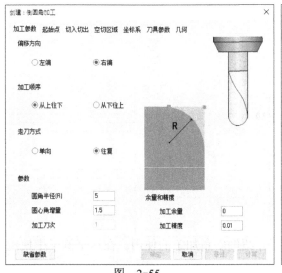

图 2-55

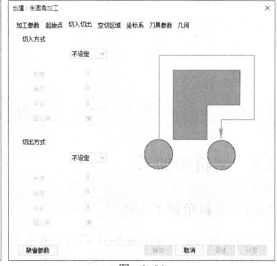

图 2-56

4）空切区域：区域类型"平面"；平面→起始高度（绝对）"30"，安全高度（绝对）"10"，如图 2-57 所示。

5）坐标系：默认世界坐标系即可。

6）刀具参数：类型"球头铣刀"，刀杆类型"圆柱"，刀具号（T）"2"，单击"DH 同值"，刀杆长"35"，刃长"25"，直径"10"，如图 2-58 所示；单击"速度参数"→主轴转速"4500"，慢速下刀速度（F0）"2000"，切入切出连接速度（F1）"2000"，切削速度（F2）"2500"，退刀速度（F3）"3000"。

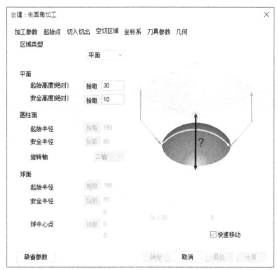

图 2-57

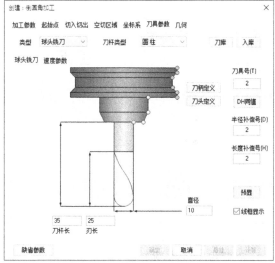

图 2-58

7）单击"确定"按钮，执行刀具路径运算，刀具路径运算结果如图 2-59 所示。

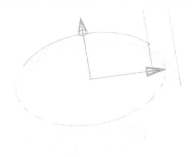

图 2-59

2.9 倒斜角加工

2.9.1 倒斜角加工文件

倒斜角加工文件如图 2-53 所示。本节主要介绍倒斜角加工的使用。在这个例子中使用线框进行刀路的编制。材质为 6061 硬铝。

2.9.2 工艺方案

倒斜角加工文件的加工工艺方案如表 2-9 所示。

表 2-9

加 工 内 容	加 工 方 式	机 床	刀 具
ϕ60mm 圆柱倒 C3mm	倒斜角加工	三轴机床	ϕ10mm 倒角铣刀

此类零件装夹比较简单，利用平口钳夹持即可。

2.9.3 准备加工文件

打开 CAXA 制造工程师 2022 软件，用三维曲线中的圆绘制 ϕ60mm，假定 ϕ60mm 圆柱倒 C3mm。

2.9.4 创建坐标系

用系统自动生成的一个世界坐标系即可。

2.9.5 *Φ*60mm 圆柱倒 *C*3mm

步骤：单击"制造"→"二轴"→"倒斜角加工"→弹出"创建：倒斜角加工"对话框→选择"几何"→选择必要"轮廓曲线"→弹出"轮廓拾取工具"对话框→选择拾取元素类型"3D 曲线"→选择拾取方式"链拾取"，拾取图素→单击 ✓，返回"创建：倒斜角加工"对话框；轮廓曲线位置"轮廓（B）"，如图 2-60 所示。

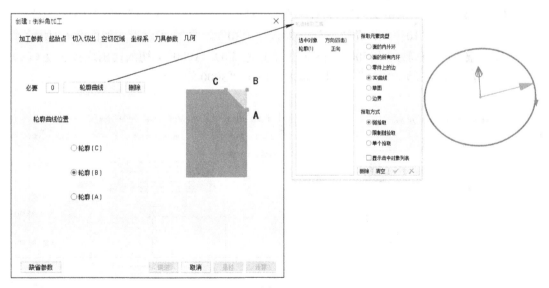

图 2-60

需要设定的参数如下：

1）加工参数：偏移方向"左偏"；走刀方式"单向"；参数→倒角宽度（L）"3"，倒角角度（a）"45"，底部切出长度（D）"0.5"，加工刀次"1"；余量和精度→加工余量"0"，加工精度"0.01"，如图 2-61 所示。

2）起始点：默认即可。

3）切入切出：切入方式"圆弧"，半径"3"，圆心角"90"；切出方式"不设定"，如图 2-62 所示。

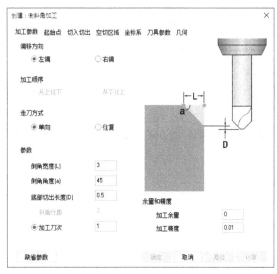

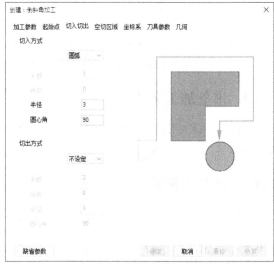

图 2-61　　　　　　　　　　　　　　　　　图 2-62

4）空切区域：区域类型"平面"；平面→起始高度（绝对）"30"，安全高度（绝对）"10"，如图 2-63 所示。

5）坐标系：默认世界坐标系即可。

6）刀具参数：类型"倒角铣刀"，刀杆类型"圆柱"，刀具号（T）"3"，单击"DH 同值"，刀杆长"35"，刃长"10"，锥角"45"，外直径"10"，直径"0.1"，如图 2-64 所示；单击"速度参数"→主轴转速"4500"，慢速下刀速度（F0）"1000"，切入切出连接速度（F1）"800"，切削速度（F2）"800"，退刀速度（F3）"3000"。

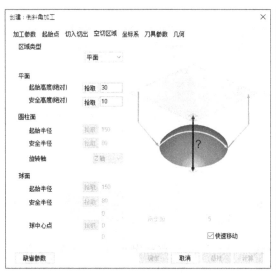

图 2-63　　　　　　　　　　　　　　　　　图 2-64

7）单击"确定"按钮，执行刀具路径运算，刀具路径运算结果如图 2-65 所示。

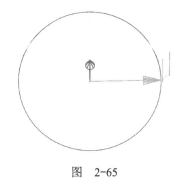

图 2-65

2.10 切割加工

2.10.1 切割加工文件

切割加工文件如图 2-66 所示。本节主要介绍切割加工的使用。在这个例子中使用线框进行刀路的编制。材质为 6061 硬铝。

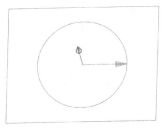

图 2-66

2.10.2 工艺方案

切割加工文件的加工工艺方案如表 2-10 所示。

表 2-10

加 工 内 容	加 工 方 式	机 床	刀 具
φ60mm 切割	切割加工	三轴机床	φ5.489mm 雕刻刀

此类零件装夹比较简单，利用平口钳夹持即可。

2.10.3 准备加工文件

打开 CAXA 制造工程师 2022 软件，用三维曲线中的圆绘制 φ60mm，矩形 100mm×80mm，假定板材厚度为 1mm，材质为 6061 硬铝。

2.10.4 创建坐标系

用系统自动生成的一个世界坐标系即可。

2.10.5 Φ60mm 切割

步骤：单击"制造"→"二轴"→"切割加工"→弹出"创建：切割加工"对话框→选择"几何"→选择必要"图案轮廓"→弹出"轮廓拾取工具"对话框→选择拾取元素类型"3D 曲线"→选择拾取方式"链拾取"，拾取图素（图 2-67）→单击 ✓ ，返回"创建：切割加工"对话框。

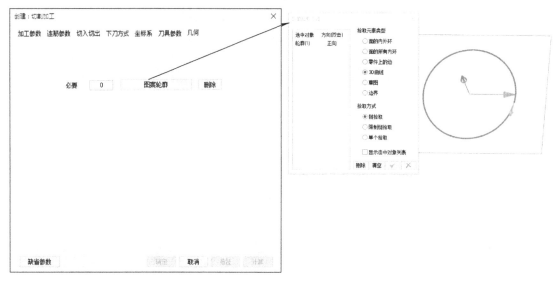

图 2-67

需要设定的参数如下：

1）加工参数：切割方式"切割原轮廓"；勾边方向"顺时针"；切割顺序"X方向优先"；高度→顶层高度"0"，底层高度"–1"，层间高度"1"；精度和余量→加工精度"0.01"，如图 2-68 所示。

2）连筋参数：勾选"添加连筋"；连筋方式→个数"2"；连筋参数→连筋长度"0.5"，连筋高度"1"，如图 2-69 所示。

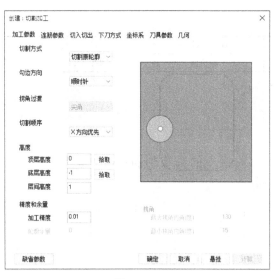

图 2-68

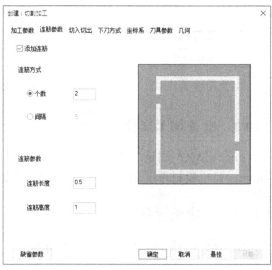

图 2-69

3）切入切出：默认即可。

4）下刀方式：高度和距离→起始高度"30"，安全高度"10"，下刀高度"5"，退刀高度"5"；下刀方式"垂直"，如图 2-70 所示。

5）坐标系：默认世界坐标系即可。

6）刀具参数：类型"雕刻刀"，刀杆类型"雕刻刀"，刀具号（T）"4"，单击"DH同值"，刀杆长"50"，刃长"10"，锥角"15"，直径"0.13"，如图2-71所示；单击"速度参数"→主轴转速"4500"，慢速下刀速度（F0）"1000"，切入切出连接速度（F1）"1000"，切削速度（F2）"1000"，退刀速度（F3）"3000"。

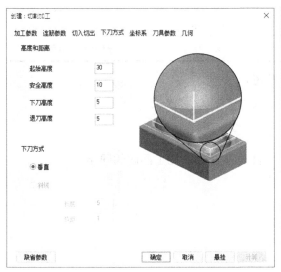

图　2-70

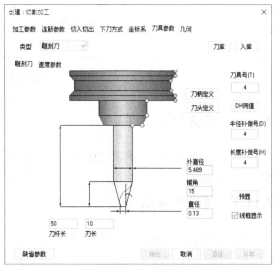

图　2-71

7）单击"确定"按钮，执行刀具路径运算，刀具路径运算结果如图2-72所示。

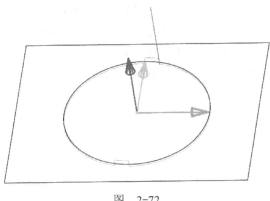

图　2-72

2.11　雕刻加工

2.11.1　雕刻加工模型

雕刻加工模型如图2-73所示。本节主要介绍雕刻加工的使用。在这个例子中使用线框进行刀路的编制。材质为6061硬铝。

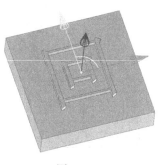

图　2-73

2.11.2　工艺方案

雕刻加工模型的加工工艺方案如表 2-11 所示。

表　2-11

加 工 内 容	加 工 方 式	机 床	刀 具
雕刻精加工	雕刻加工	三轴机床	ϕ5.489mm 雕刻刀

此类零件装夹比较简单，利用平口钳夹持即可。

2.11.3　准备加工文件

打开 CAXA 制造工程师 2022 软件，打开 2-11.mcs 文件，加工凸起的回字。

2.11.4　创建坐标系

用系统自动生成的一个世界坐标系即可。

2.11.5　雕刻精加工

　　步骤：单击"制造"→"二轴"→"雕刻加工"→弹出"创建：雕刻加工"对话框→选择"几何"→选择必要"图案轮廓"→弹出"轮廓拾取工具"对话框→选择拾取元素类型"面的内外环"，拾取图素（图 2-74）→单击 ✓，返回"创建：雕刻加工"对话框；选择"阳刻边界"→弹出"轮廓拾取工具"对话框→选择拾取元素类型"面的内外环"，拾取图素（图 2-75）→单击 ✓，返回"创建：雕刻加工"对话框。

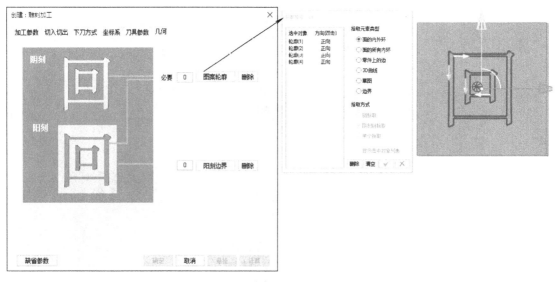

图　2-74

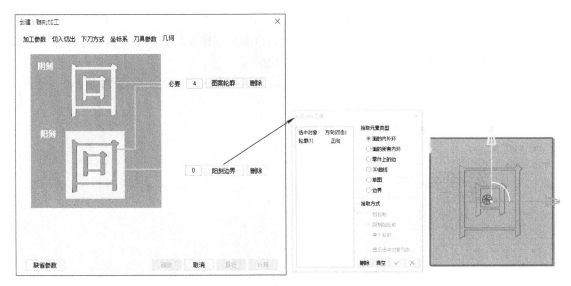

图　2-75

需要设定的参数如下：

1）加工参数：铣底走刀方式"水平铣底"；重叠率和高度→重叠率"80"，顶层高度"0"，底层高度"-2"，层间高度"2"；精度和余量→加工精度"0.01"，轮廓余量"0"，如图 2-76 所示。

2）切入切出：默认即可。

3）下刀方式：高度和距离→起始高度"30"，安全高度"10"，下刀高度"5"，退刀高度"5"；下刀方式"垂直"，如图 2-77 所示。

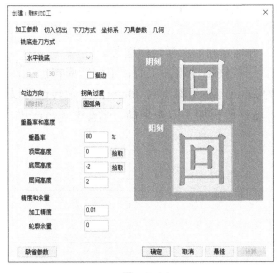

图　2-76

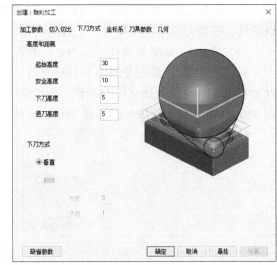

图　2-77

4）坐标系：默认世界坐标系即可。

5）刀具参数：类型"雕刻刀"，刀杆类型"雕刻刀"，刀具号（T）"4"，单击"DH

同值"，刀杆长"35"，刃长"10"，锥角"15"，直径"0.13"，如图 2-78 所示；单击"速度参数"→主轴转速"4500"，慢速下刀速度（F0）"1000"，切入切出连接速度（F1）"1000"，切削速度（F2）"1000"，退刀速度（F3）"3000"。

6）单击"确定"按钮，执行刀具路径运算，刀具路径运算结果如图 2-79 所示。

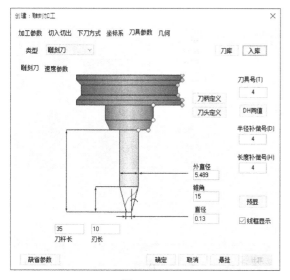

图 2-78

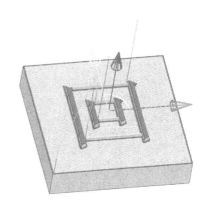

图 2-79

2.12 工程师经验点评

1）通过二轴策略的学习，应理解二轴线框加工策略，其中部分二轴策略的轨迹变换可以直接让三轴刀具路径变换为四轴刀具路径。

2）二轴加工策略基础打好是为之后的四轴、五轴定向加工学习做准备。

3）精加工时，最好是底面和侧壁分开加工。一般铣铝件粗加工时，用自适应粗加工，以 Φ10mm 的硬质合金立铣刀为例，侧吃刀量为 2mm，加工深度为 20mm，主轴转速可以设 4500r/min，切削速度（F2）设 2500mm/min，这样的粗加工效率很高，比赛中经常应用。

第 **3** 章

三轴加工策略应用讲解

3.1 等高线粗加工

3.1.1 等高线粗加工模型

等高线粗加工模型如图 3-1 所示。本节主要介绍三轴的等高线粗加工命令，在这个例子中使用实体模型进行刀路的编制。

3.1.2 工艺方案

等高线粗加工模型的加工工艺方案如表 3-1 所示。

图 3-1

表 3-1

加 工 内 容	加 工 方 式	机　　床	刀　　具
粗加工	等高线粗加工	三轴机床	ϕ10mm 立铣刀

此类零件装夹比较简单，利用平口钳夹持。

3.1.3 准备加工文件

打开 CAXA 制造工程师 2022 软件，打开 3-1.mcs 文件，粗加工凸台。

3.1.4 创建坐标系

用系统自动生成的一个世界坐标系即可。

3.1.5 创建毛坯

单击"创建"→"毛坯"→弹出"创建毛坯"对话框→选择"立方体"→立方体"拾取参考模型"→选择"零件"→拾取实体模型（图 3-2）→单击 ✓，返回"创建毛坯"对话框（图 3-3），单击"确定"按钮。

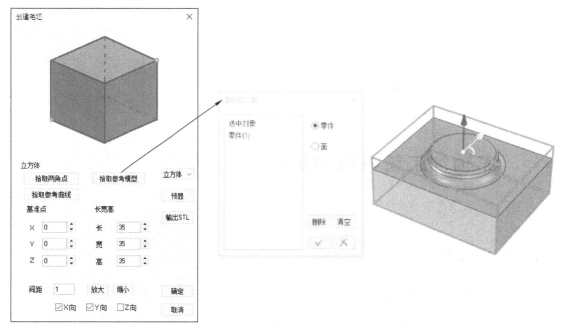

图 3-2

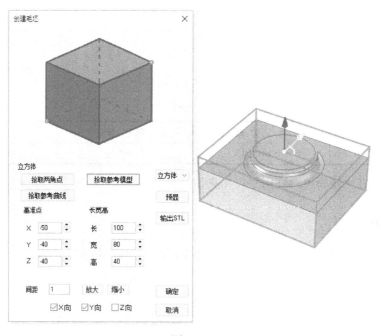

图 3-3

3.1.6 编程详细操作步骤

步骤：单击"制造"→"三轴"→"等高线粗加工"→弹出"创建：等高线粗加工"对话框→选择"几何"→选择必要"加工曲面"→弹出"面拾取工具"对话框→选择拾取元素

类型"零件",拾取图素(图3-4)→单击 ✓ ,返回"创建:等高线粗加工"对话框;选择必要"毛坯"→拾取毛坯(图3-5)→单击鼠标右键结束拾取,返回"创建:等高线粗加工"对话框。

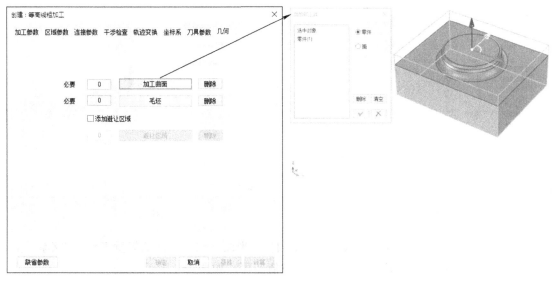

图 3-4

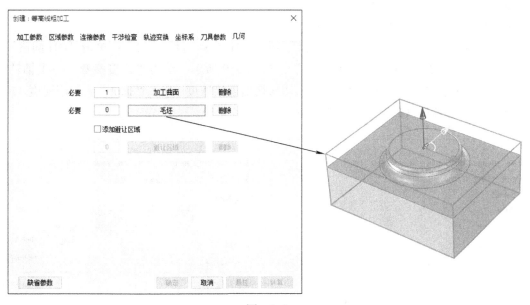

图 3-5

需要设定的参数如下:

1)加工参数:加工方式"往复";加工方向"顺铣";优先策略"区域优先";走刀方式"环切";余量和精度→余量类型"整体余量",整体余量"0.3",加工精度"0.1";层参数→层高"2";行距"7",如图3-6所示。

2)区域参数:默认即可,如图3-7所示。

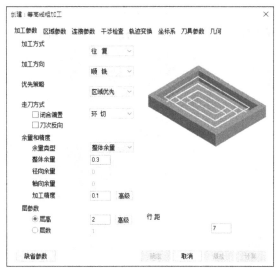

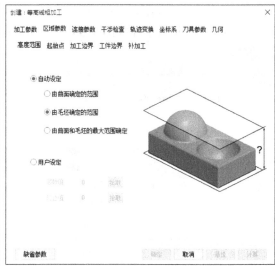

图 3-6   图 3-7

3）连接参数：空切区域→区域类型"平面"；平面参数→平面法矢量平行于"Z 轴"，安全高度"用户定义""30"；其他默认缺省值即可，如图 3-8 所示。

4）干涉检查：默认即可。

5）轨迹变换：默认即可。

6）坐标系：默认世界坐标系即可。

7）刀具参数：类型"立铣刀"；刀杆类型"圆柱"；刀具号"1"；单击"DH 同值"；刀杆长"35"；刃长"25"；直径"10"，如图 3-9 所示；单击"速度参数"→主轴转速"4500"，慢速下刀速度（F0）"1000"，切入切出连接速度（F1）"1000"，切削速度（F2）"2500"，退刀速度（F3）"3000"。

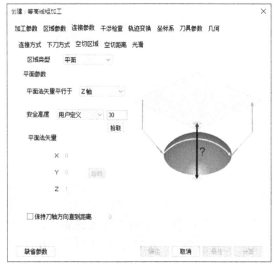

图 3-8   图 3-9

8）单击"确定"按钮，执行刀具路径运算，刀具路径运算结果如图 3-10 所示。

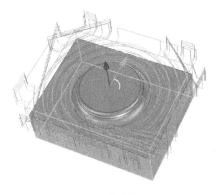

图 3-10

3.2 自适应粗加工

3.2.1 自适应粗加工模型

自适应粗加工模型如图 3-1 所示。本节主要介绍三轴的自适应粗加工命令，在这个例子中使用实体模型进行刀路的编制。

3.2.2 工艺方案

自适应粗加工模型的加工工艺方案如表 3-2 所示。

表 3-2

加 工 内 容	加 工 方 式	机 床	刀 具
粗加工	自适应粗加工	三轴机床	ϕ10mm 立铣刀

此类零件装夹比较简单，利用平口钳夹持。

3.2.3 准备加工文件

打开 CAXA 制造工程师 2022 软件，打开 3-2.mcs 文件，粗加工凸台。

3.2.4 创建坐标系

用系统自动生成的一个世界坐标系即可。

3.2.5 创建毛坯

单击"创建"→"毛坯"→弹出"创建毛坯"对话框→选择"立方体"→立方体"拾取参考模型"→选择"零件"→拾取实体模型（图 3-11）→单击 ✓，返回"创建毛坯"对话框（图 3-12），单击"确定"按钮。

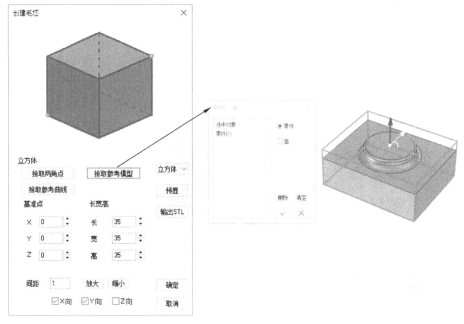

图 3-11

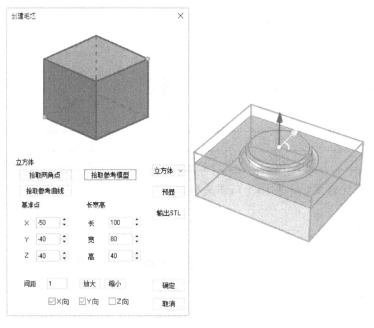

图 3-12

3.2.6 编程详细操作步骤

步骤: 单击"制造"→"三轴"→"自适应粗加工"→弹出"创建:自适应粗加工"对话框→选择"几何"→选择必要(是必须选择的图形)"加工曲面"→弹出"面拾取工具"

对话框→选择拾取元素类型"零件"，拾取图素（图 3-13）→单击 ✓，返回"创建：自适应粗加工"对话框→选择必要"毛坯"→拾取毛坯（图 3-14）→单击鼠标右键结束拾取，返回"创建：自适应粗加工"对话框。

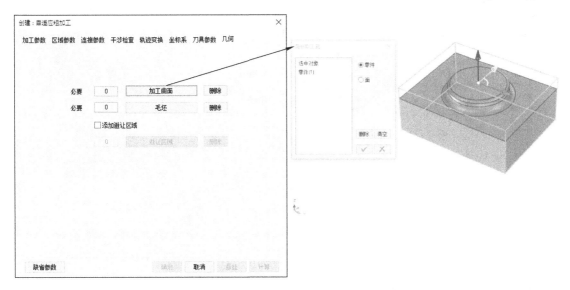

图　3-13

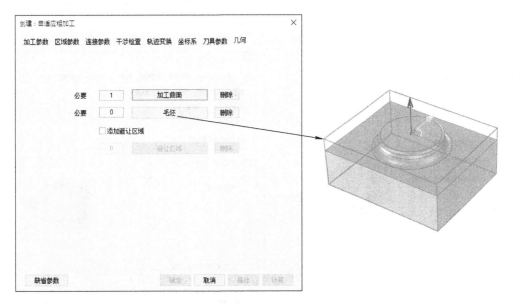

图　3-14

需要设定的参数如下：

1）加工参数：加工方式"往复"；加工方向"顺铣"；优先策略"区域优先"；余量和精度→余量类型"整体余量"，整体余量"0.3"，加工精度"0.1"；层参数→层高"10"；行距"2"（图 3-15）；单击"自适应抬刀连接"，弹出"自适应抬刀连接"对话框，抬刀高度"0.25"，连接长度"5"×刀直径（图 3-16），单击"确定"，返回"创建：自适应粗加工"对话框。

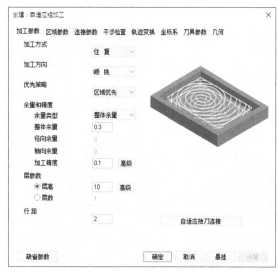

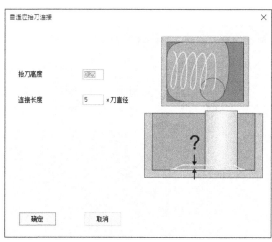

图 3-15　　　　　　　　　　　　　　　　图 3-16

2）区域参数：默认即可，如图 3-17 所示。

3）连接参数：空切区域→区域类型"平面"；平面参数→平面法矢量平行于"Z 轴"，安全高度"用户定义""30"；其他默认即可，如图 3-18 所示。

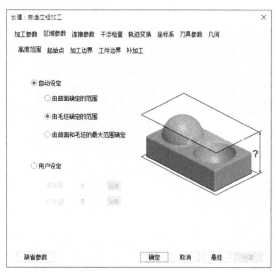

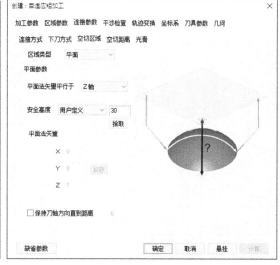

图 3-17　　　　　　　　　　　　　　　　图 3-18

4）干涉检查：默认即可（如果铣削的深度较深，需要检查刀柄是否发生碰撞）。

5）轨迹变换：默认即可。

6）坐标系：默认世界坐标系即可。

7）刀具参数：类型"立铣刀"；刀杆类型"圆柱"；刀具号"1"，单击"DH 同值"；刀杆长"35"；刃长"25"；直径"10"，如图 3-19 所示；单击"速度参数"→主轴转速"4500"，慢速下刀速度（F0）"1000"，切入切出连接速度（F1）"1000"，切削速度（F2）"2500"，退刀速度（F3）"3000"。

8）单击"确定"按钮，执行刀具路径运算，刀具路径运算结果如图 3-20 所示。

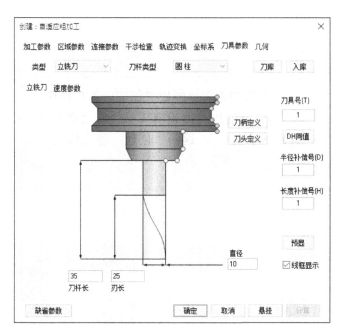

图 3-19

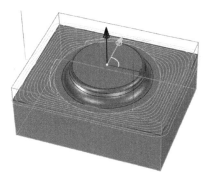

图 3-20

3.3 等高线精加工

3.3.1 等高线精加工模型

等高线精加工模型如图 3-1 所示。本节主要介绍三轴的等高线精加工命令，在这个例子中使用实体模型进行刀路的编制。

3.3.2 工艺方案

等高线精加工模型的加工工艺方案如表 3-3 所示。

表 3-3

加 工 内 容	加 工 方 式	机 床	刀 具
精加工	等高线精加工	三轴机床	$\phi10mm$ 球头铣刀

此类零件装夹比较简单，利用平口钳夹持。

3.3.3　准备加工文件

打开 CAXA 制造工程师 2022 软件，打开 3-3.mcs 文件，精加工凸台。

3.3.4　创建坐标系

用系统自动生成的一个世界坐标系即可。

3.3.5　编程详细操作步骤

步骤：单击"制造"→"三轴"→"等高线精加工"→弹出"创建：等高线精加工"对话框→选择"几何"→选择必要"加工曲面"→弹出"面拾取工具"对话框→选择拾取元素类型"零件"，拾取图素（图 3-21）→单击　✓　，返回"创建：等高线精加工"对话框。

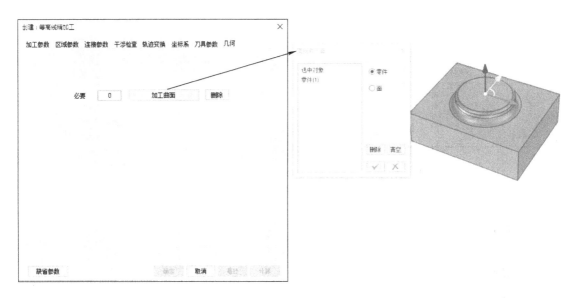

图　3-21

需要设定的参数如下：

1）加工参数：加工方式"往复"；加工方向"顺铣"；优先策略"区域优先"；加工顺序"从上向下"；余量和精度→余量类型"整体余量"，整体余量"0"，加工精度"0.01"；层参数→层高"0.1"，如图 3-22 所示。

2）区域参数：高度范围→用户设定→起始值"0"，终止值"-10"（单击"拾取"，拾取需要终止位置的曲面即可），其他默认即可，如图 3-23 所示。

3）连接参数：如图 3-24 所示。

①起始 / 结束段：接近方式"加切入"，返回方式"加切出"，其他默认即可。

② 间隙连接：默认即可。

③ 行间连接：小行间连接方式"光滑连接"，小行间切入切出"切入 / 切出"，大行间连接方式"光滑连接"，大行间切入切出"切入 / 切出"，其他默认即可。

④ 空切区域：区域类型"平面"；平面参数：平面法矢量平行于"Z 轴"，安全高度"用户定义""30"。

⑤ 空切距离：默认即可。

⑥ 切入参数：选项"相切圆弧"；刀轴方向"固定"；参数→直径 / 角度→圆心角"90"，弧直径 / 刀具直径 %"100"，高度"0"，进给率 %"100"。

⑦ 切出参数：单击"拷贝切入"，按默认即可。

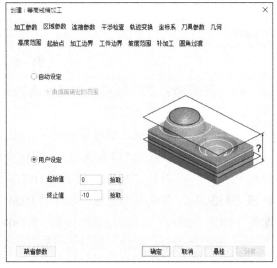

图 3-22　　　　　　　　　　　　　　图 3-23

图 3-24

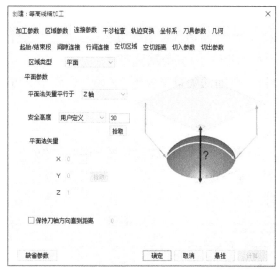 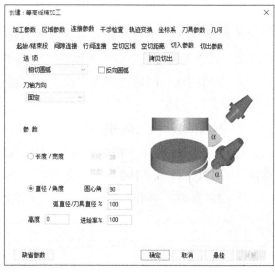

图 3-24（续）

4）干涉检查：默认即可（如果铣削的深度较深，需要检查刀柄是否发生碰撞）。

5）轨迹变换：默认即可。

6）坐标系：默认世界坐标系即可。

7）刀具参数：类型"球头铣刀"；刀杆类型"圆柱"；刀具号"5"；单击"DH 同值"；刀杆长"35"；刃长"20"；直径"10"，如图 3-25 所示；单击"速度参数"→主轴转速"4500"，慢速下刀速度（F0）"1000"，切入切出连接速度（F1）"1000"，切削速度（F2）"2000"，退刀速度（F3）"3000"。

8）单击"确定"按钮，执行刀具路径运算，刀具路径运算结果如图 3-26 所示。

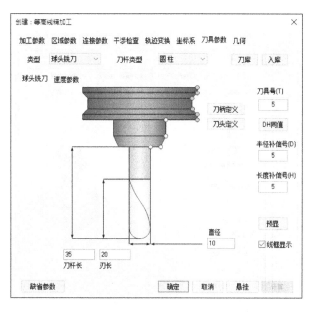 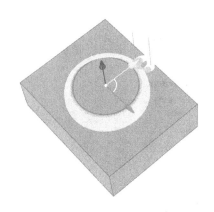

图 3-25　　　　　　　　　　　　　　　　　图 3-26

3.4 扫描线精加工

3.4.1 扫描线精加工模型

扫描线精加工模型如图 3-1 所示。本节主要介绍三轴 - 扫描线精加工命令，在这个例子中使用实体模型进行刀路的编制。

3.4.2 工艺方案

扫描线精加工模型的加工工艺方案如表 3-4 所示。

表 3-4

加 工 内 容	加 工 方 式	机　　床	刀　　具
精加工	扫描线精加工	三轴机床	ϕ10mm 球头铣刀

此类零件装夹比较简单，利用平口钳夹持。

3.4.3 准备加工文件

打开 CAXA 制造工程师 2022 软件，打开 3-4.mcs 文件，精加工上表面。

3.4.4 创建坐标系

用系统自动生成的一个世界坐标系即可。

3.4.5 编程详细操作步骤

步骤：单击"制造"→"三轴"→"扫描线精加工"→弹出"创建：扫描线精加工"对话框→选择"几何"→选择必要"加工曲面"→弹出"面拾取工具"对话框→选择拾取元素类型"零件"，拾取图素（图 3-27）→单击 ✓，返回"创建：扫描线精加工"对话框。

需要设定的参数如下：

1）加工参数：加工方式"往复"；起始方位"左下"；余量和精度→余量类型"整体余量"，整体余量"0"，加工精度"0.01"；行距→勾选"自适应"，最大行距"1"，最小行距"0.1"；与 Y 轴夹角"0"，如图 3-28 所示。

2）区域参数：高度范围→用户设定→起始值"0"，终止值"−10.1"，其他默认即可，如图 3-29 所示。

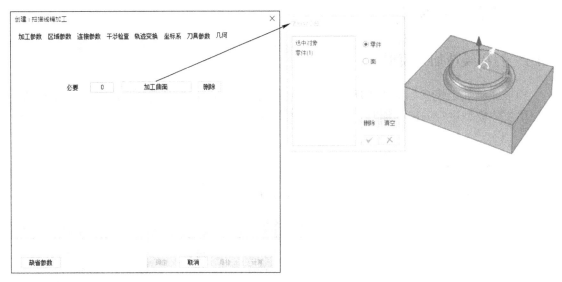

图　3-27

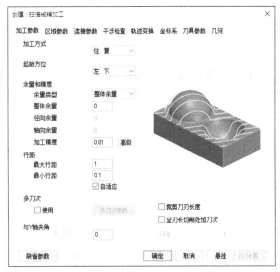

图　3-28

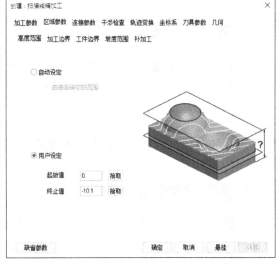

图　3-29

3）连接参数：如图 3-30 所示。

① 起始 / 结束段：接近方式→勾选"加切入"，返回方式→勾选"加切出"。

② 空切区域：区域类型"平面"；平面参数→平面法矢量平行于"Z 轴"，安全高度"用户定义""30"。

③ 切入参数：选项"垂直相切圆弧"；刀轴方向"固定"；参数→直径 / 角度→圆心角"90"，弧直径 / 刀具直径 %"200"，高度"0"，进给率 %"100"。

④ 切出参数：单击"拷贝切入"，按默认即可。

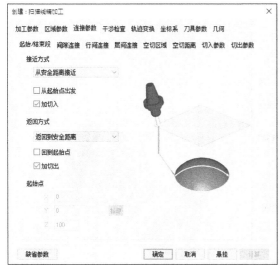

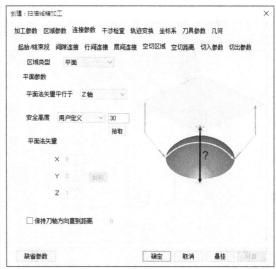

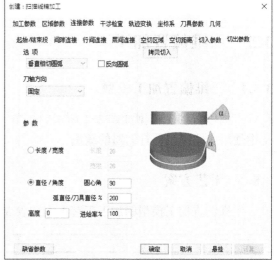

图 3-30

4）干涉检查：默认即可（如果铣削的深度较深，需要检查刀柄是否发生碰撞）。

5）轨迹变换：默认即可。

6）坐标系：默认世界坐标系即可。

7）刀具参数：类型"球头铣刀"，刀杆类型"圆柱"，刀具号"5"，单击"DH同值"，刀杆长"35"，刃长"20"，直径"10"，如图3-31所示；单击"速度参数"→主轴转速"4500"，慢速下刀速度（F0）"1000"，切入切出连接速度（F1）"1000"，切削速度（F2）"2500"，退刀速度（F3）"3000"。

8）单击"确定"按钮，执行刀具路径运算，刀具路径运算结果如图3-32所示。

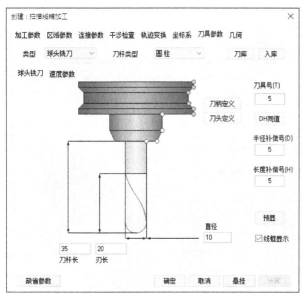

图 3-31

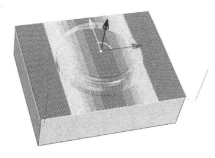

图 3-32

3.5 三维偏置加工

3.5.1 三维偏置加工模型

三维偏置加工模型如图 3-1 所示。本节主要介绍三轴的三维偏置加工命令，在这个例子中使用实体模型进行刀路的编制。

3.5.2 工艺方案

三维偏置加工模型的加工工艺方案如表 3-5 所示。

表 3-5

加 工 内 容	加 工 方 式	机　床	刀　具
精加工	三维偏置加工	三轴机床	ϕ10mm 球头铣刀

此类零件装夹比较简单，利用平口钳夹持。

3.5.3 准备加工文件

打开 CAXA 制造工程师 2022 软件，打开 3-5.mcs 文件，精加工上表面。

3.5.4 创建坐标系

用系统自动生成的一个世界坐标系即可。

3.5.5 编程详细操作步骤

步骤： 单击"制造"→"三轴"→"三维偏置加工"→弹出"创建：三维偏置加工"对话框→选择"几何"→选择必要"加工曲面"→弹出"面拾取工具"对话框→选择拾取元素类型"零件"，拾取图素（图 3-33）→单击 ✓，返回"创建：三维偏置加工"对话框。

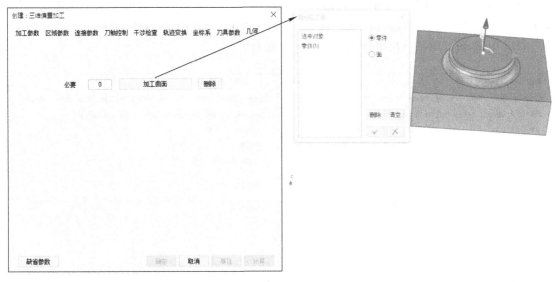

图 3-33

需要设定的参数如下：

1）加工参数：加工方式"螺旋"；加工方向"顺铣"；加工顺序"从里向外"；偏置→刀次"0"，左"左偏"；余量和精度→余量类型"整体余量"，整体余量"0"，加工精度"0.01"；行距"1"，如图 3-34 所示。

2）区域参数：默认即可，如图 3-35 所示。

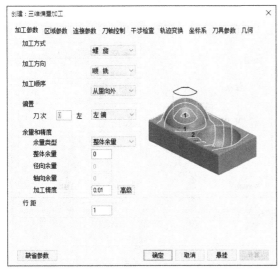

图 3-34

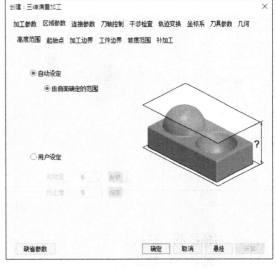

图 3-35

3）连接参数：如图 3-36 所示。

① 起始／结束段：接近方式→勾选"加切入"，返回方式→勾选"加切出"。

② 空切区域：区域类型"平面"；平面参数→平面法矢量平行于"Z 轴"，安全高度"用户定义""30"。

③ 切入参数：选项"垂直相切圆弧"；刀轴方向"固定"；参数→直径／角度→圆心角"90"，弧直径／刀具直径 %"100"，高度"0"，进给率 %"100"。

④ 切出参数：单击"拷贝切入"，按默认即可。

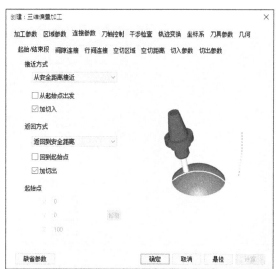

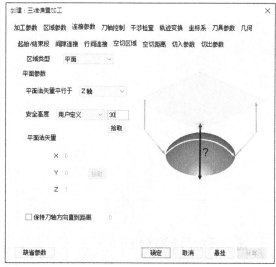

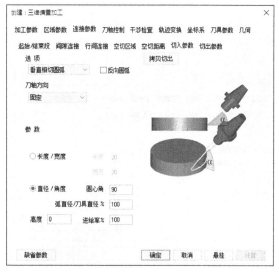

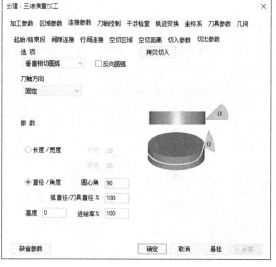

图 3-36

4）刀轴控制：默认即可。

5）干涉检查：默认即可。

6）轨迹变换：默认即可。

7) 坐标系：默认世界坐标系即可。

8) 刀具参数：类型"球头铣刀"，刀杆类型"圆柱"，刀具号"5"，单击"DH 同值"，刀杆长"35"，刃长"20"，直径"10"，如图 3-37 所示；单击"速度参数"→主轴转速"4500"，慢速下刀速度（F0）"1000"，切入切出连接速度（F1）"1000"，切削速度（F2）"2500"，退刀速度（F3）"3000"。

9) 单击"确定"按钮，执行刀具路径运算，刀具路径运算结果如图 3-38 所示。

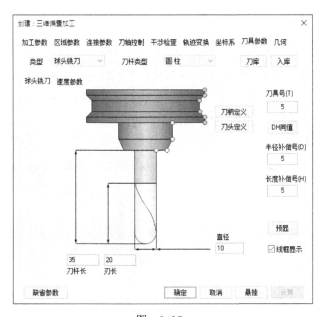

图　3-37

图　3-38

3.6　平面精加工

3.6.1　平面精加工模型

平面精加工模型如图 3-1 所示。本节主要介绍三轴的平面精加工命令，在这个例子中使用实体模型进行刀路的编制。

3.6.2　工艺方案

平面精加工模型的加工工艺方案如表 3-6 所示。

表　3-6

加 工 内 容	加 工 方 式	机　床	刀　具
上平面精加工	平面精加工	三轴机床	ϕ10mm 立铣刀

此类零件装夹比较简单，利用平口钳夹持。

3.6.3 准备加工文件

打开 CAXA 制造工程师 2022 软件，打开 3-6.mcs 文件，精加工上平面。

3.6.4 创建坐标系

用系统自动生成的一个世界坐标系即可。

3.6.5 编程详细操作步骤

步骤：单击"制造"→"三轴"→"平面精加工"→弹出"创建：平面精加工"对话框→选择"几何"→选择必要"加工曲面"→弹出"面拾取工具"对话框→选择拾取元素类型"零件"，拾取图素（图 3-39）→单击 ✓，返回"创建：平面精加工"对话框。

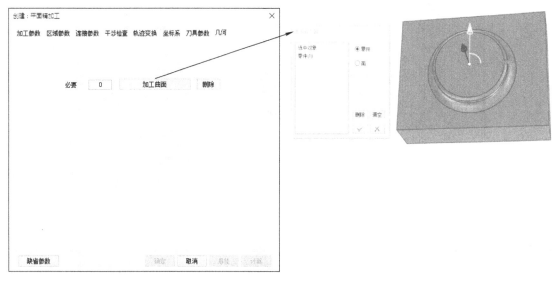

图 3-39

需要设定的参数如下：

1）加工参数：加工方式"往复"；加工方向"顺铣"；走刀方式"自适应"；余量和精度→余量类型"整体余量"，整体余量"0"，加工精度"0.01"；行距"7"，宽度范围→最小宽度"1"，如图 3-40 所示。

2）区域参数：默认即可，如图 3-41 所示。

3）连接参数：空切区域→区域类型"平面"；平面参数→平面法矢量平行于"Z 轴"，安全高度"用户定义""30"，如图 3-42 所示。

4）干涉检查：默认即可。

5）轨迹变换：默认即可。

6）坐标系：默认世界坐标系即可。

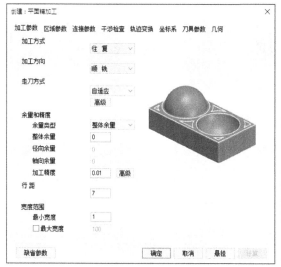

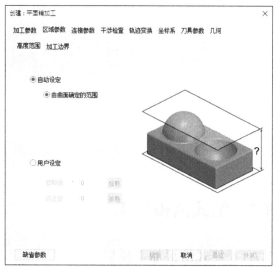

图 3-40　　　　　　　　　　　　　　　图 3-41

7）刀具参数：类型"立铣刀"，刀杆类型"圆柱"，刀具号"1"，单击"DH同值"，刀杆长"35"，刃长"25"，直径"10"，如图 3-43 所示；单击"速度参数"→主轴转速"4500"，慢速下刀速度（F0）"1000"，切入切出连接速度（F1）"1000"，切削速度（F2）"2500"，退刀速度（F3）"3000"。

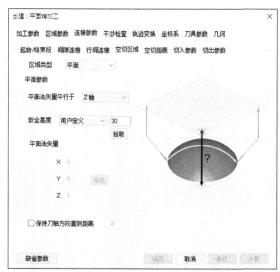

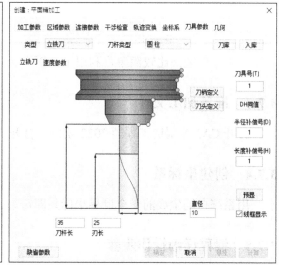

图 3-42　　　　　　　　　　　　　　　图 3-43

8）单击"确定"按钮，执行刀具路径运算，刀具路径运算结果如图 3-44 所示。

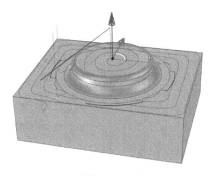

图 3-44

3.7 笔式清根加工

3.7.1 笔式清根加工模型

笔式清根加工模型如图 3-1 所示。本节主要介绍三轴的笔式清根加工命令，在这个例子中使用实体模型进行刀路的编制。

3.7.2 工艺方案

笔式清根加工模型的加工工艺方案如表 3-7 所示。

表 3-7

加 工 内 容	加 工 方 式	机 床	刀 具
清根加工	笔式清根加工	三轴机床	ϕ10mm 球头铣刀

此类零件装夹比较简单，利用平口钳夹持。

3.7.3 准备加工文件

打开 CAXA 制造工程师 2022 软件，打开 3-7.mcs 文件，进行笔式清根加工。

3.7.4 创建坐标系

用系统自动生成的一个世界坐标系即可。

3.7.5 编程详细操作步骤

步骤：单击"制造"→"三轴"→"笔式清根加工"→弹出"创建：笔式清根加工"对话框→选择"几何"→选择必要"加工曲面"→弹出"面拾取工具"对话框→选择拾取元素类型"零件"，拾取图素（图 3-45）→单击 ，返回"创建：笔式清根加工"对话框。

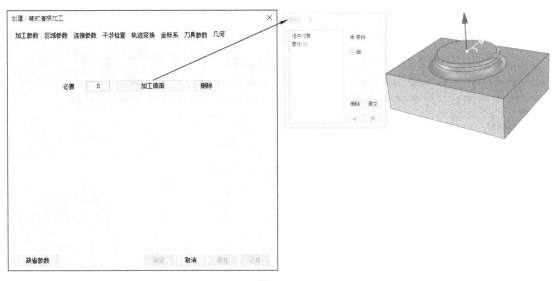

图 3-45

需要设定的参数如下：

1）加工参数：加工方式"单向"；加工方向"顺铣"；余量和精度→余量类型"整体余量"，整体余量"0"，加工精度"0.01"，如图3-46所示。

2）区域参数：默认即可，如图3-47所示。

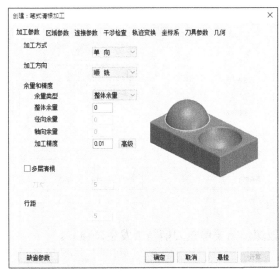

图 3-46

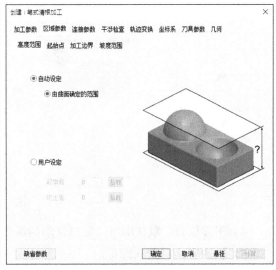

图 3-47

3）连接参数：如图3-48所示。

① 起始 / 结束段：接近方式→勾选"加切入"，返回方式→勾选"加切出"。

② 空切区域：区域类型"平面"；平面参数→平面法矢量平行于"Z轴"，安全高度"用户定义""30"。

③ 切入参数：选项"垂直相切圆弧"；刀轴方向"固定"；参数→直径 / 角度→圆心

角"90"，弧直径/刀具直径%"100"，高度"0"，进给率%"100"。

④ 切出参数：单击"拷贝切入"，按默认即可。

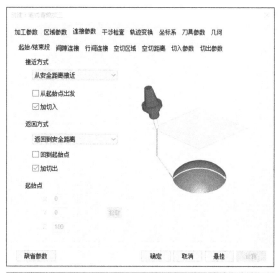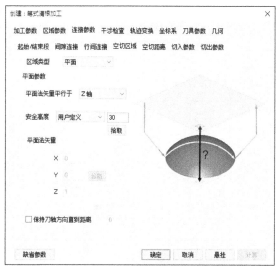

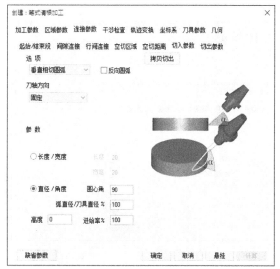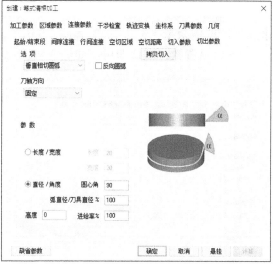

图 3-48

4）干涉检查：默认即可（如果铣削的深度较深，需要检查刀柄是否发生碰撞）。

5）轨迹变换：默认即可。

6）坐标系：默认世界坐标系即可。

7）刀具参数：类型"球头铣刀"，刀杆类型"圆柱"，刀具号"5"，单击"DH 同值"，刀杆长"35"，刃长"20"，直径"10"，如图 3-49 所示；单击"速度参数"→主轴转速"4500"，慢速下刀速度（F0）"1000"，切入切出连接速度（F1）"1000"，切削速度（F2）"2000"，退刀速度（F3）"3000"。

8）单击"确定"按钮，执行刀具路径运算，刀具路径运算结果如图 3-50 所示。

图 3-49

图 3-50

3.8 曲线投影加工

3.8.1 曲线投影加工模型

曲线投影加工模型如图 3-51 所示。本节主要介绍三轴的曲线投影加工命令，在这个例子中使用实体模型进行刀路的编制。

3.8.2 工艺方案

图 3-51

曲线投影加工模型的加工工艺方案如表 3-8 所示。

表 3-8

加 工 内 容	加 工 方 式	机 床	刀 具
曲线投影加工	曲线投影加工	三轴机床	ϕ10mm 球头铣刀

此类零件装夹比较简单，利用平口钳夹持。

3.8.3 准备加工文件

打开 CAXA 制造工程师 2022 软件，打开 3-8.mcs 文件，进行曲线投影加工。

3.8.4 创建坐标系

用系统自动生成的一个世界坐标系即可。

3.8.5　编程详细操作步骤

步骤：单击"制造"→"三轴"→"曲线投影加工"→弹出"创建：曲线投影加工"对话框→选择"加工参数"→曲线类型"自定义曲线"，加工方式"单向"；加工方向"顺铣"；余量和精度→余量类型"整体余量"，整体余量"0"，加工精度"0.01"，如图 3-52 所示。

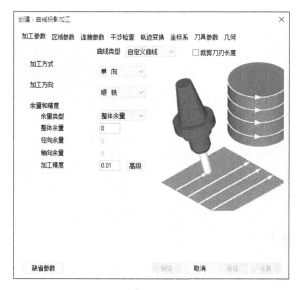

图　3-52

选择"几何"→选择必要"加工曲面"→弹出"面拾取工具"对话框→选择拾取元素类型"零件"，拾取图素（图 3-53）→单击 ✓ ，返回"创建：曲线投影加工"对话框；选择必要"自定义曲线"→弹出"轮廓拾取工具"对话框，拾取元素类型"3D 曲线"，拾取方式"链拾取"，拾取曲线（图 3-54）→单击 ✓ ，返回"创建：曲线投影加工"对话框。

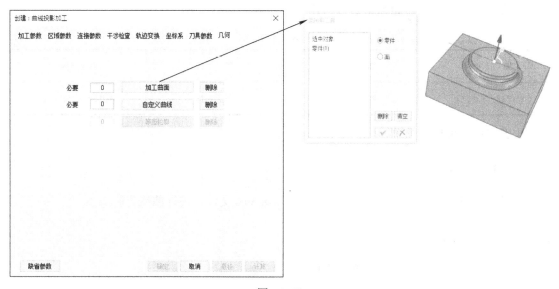

图　3-53

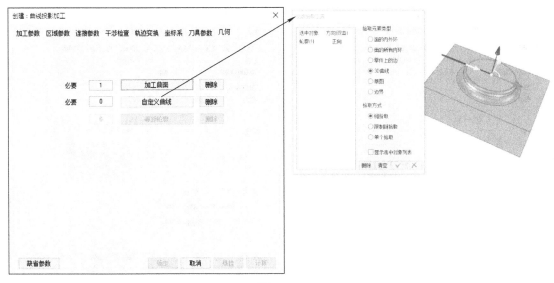

图　3-54

需要设定的参数如下：

1）区域参数：默认即可。

2）连接参数：如图 3-55 所示。

① 起始 / 结束段：接近方式→勾选"加切入"，返回方式→勾选"加切出"。

② 空切区域：区域类型"平面"；平面参数→平面法矢量平行于"Z 轴"，安全高度"用户定义""30"。

③ 切入参数：选项"垂直相切圆弧"；刀轴方向"固定"；参数→直径 / 角度→圆心角"90"，弧直径 / 刀具直径 %"100"，高度"0"，进给率 %"100"。

④ 切出参数：单击"拷贝切入"，按默认即可。

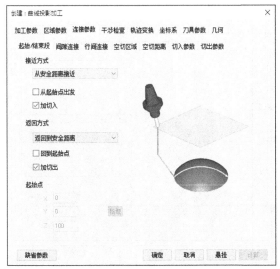 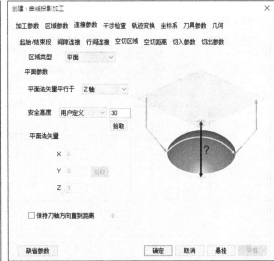

图　3-55

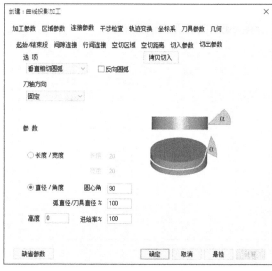

图 3-55（续）

3）干涉检查：默认即可（如果铣削的深度较深，需要检查刀柄是否发生碰撞）。

4）轨迹变换：默认即可。

5）坐标系：默认世界坐标系即可。

6）刀具参数：类型"球头铣刀"，刀杆类型"圆柱"，刀具号"5"，单击"DH 同值"，刀杆长"35"，刃长"20"，直径"10"，如图 3-56 所示；单击"速度参数"→主轴转速"4500"，慢速下刀速度（F0）"1000"，切入切出连接速度（F1）"1000"，切削速度（F2）"2000"，退刀速度（F3）"3000"。

7）单击"确定"按钮，执行刀具路径运算，刀具路径运算结果如图 3-57 所示。

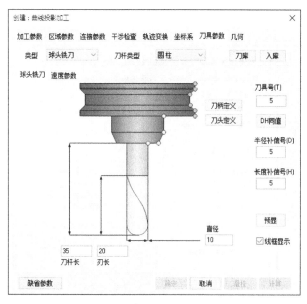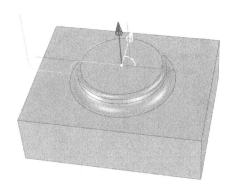

图 3-56   图 3-57

3.9 轨迹投影精加工

3.9.1 轨迹投影精加工模型

轨迹投影精加工模型如图 3-58 所示。本节主要介绍三轴的轨迹投影精加工命令，在这个例子中使用实体模型进行刀路的编制。

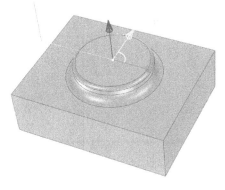

图 3-58

3.9.2 工艺方案

轨迹投影精加工模型的加工工艺方案如表 3-9 所示。

表 3-9

加 工 内 容	加 工 方 式	机 床	刀 具
轨迹投影精加工	轨迹投影精加工	三轴机床	ϕ10mm 球头铣刀

此类零件装夹比较简单，利用平口钳夹持。

3.9.3 准备加工文件

打开 CAXA 制造工程师 2022 软件，打开 3-9.mcs 文件，进行轨迹投影精加工。

3.9.4 创建坐标系

用系统自动生成的一个世界坐标系即可。

3.9.5 编程详细操作步骤

步骤：单击"制造"→"三轴"→"轨迹投影精加工"→弹出"创建：轨迹投影精加工"对话框→选择"几何"→选择必要源轨迹→拾取轨迹线（图3-59）→单击鼠标右键结束拾取，返回"创建：轨迹投影精加工"对话框；选择必要"加工曲面"→弹出"面拾取工具"

对话框→选择拾取元素类型"零件"，拾取图素（图 3-60）→单击 ，返回"创建：轨迹投影精加工"对话框。

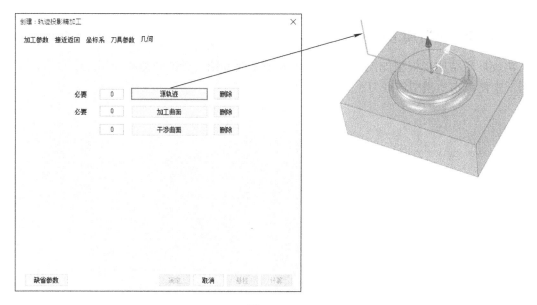

图　3-59

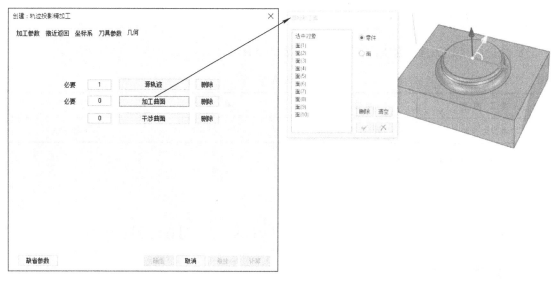

图　3-60

需要设定的参数如下：

1）加工参数：加工余量"0"；干涉余量"0"；加工精度"0.01"；安全高度"30"；慢速下刀距离"10"；退刀距离"10"；曲面边界处"抬刀"，如图 3-61 所示。

2）接近返回：默认即可。

3）坐标系：默认世界坐标系即可。

4）刀具参数：类型"球头铣刀"，刀杆类型"圆柱"，刀具号"5"，单击"DH 同值"，刀杆长"35"，刃长"20"，直径"10"，如图 3-62 所示；单击"速度参数"→主轴转速"4500"，慢速下刀速度（F0）"1000"，切入切出连接速度（F1）"1000"，切削速度（F2）"2000"，退刀速度（F3）"3000"。

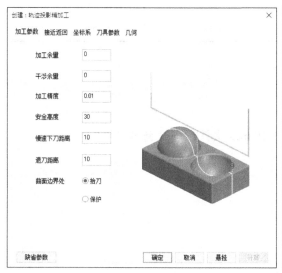
图　3-61

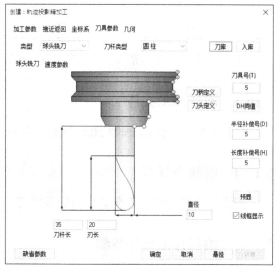
图　3-62

5）单击"确定"按钮，执行刀具路径运算，刀具路径运算结果如图 3-63 所示。

图　3-63

3.10　轮廓导动精加工

3.10.1　轮廓导动精加工文件

轮廓导动精加工文件如图 3-64 所示。本节主要介绍三轴的轮廓导动精加工命令，在这个例子中使用线框进行刀路的编制。

图　3-64

3.10.2 工艺方案

轮廓导动精加工的加工工艺方案如表 3-10 所示。

表 3-10

加 工 内 容	加 工 方 式	机 床	刀 具
倒内圆角	轮廓导动精加工	三轴机床	ϕ10mm 球头铣刀

此类零件装夹比较简单，利用平口钳夹持。

3.10.3 准备加工文件

打开 CAXA 制造工程师 2022 软件，打开 3-10.mcs 文件，进行倒内圆角加工。

3.10.4 创建坐标系

用系统自动生成的一个世界坐标系即可。

3.10.5 编程详细操作步骤

步骤：单击"制造"→"三轴"→"轮廓导动精加工"→弹出"创建：轮廓导动精加工"对话框→选择"几何"→选择必要"轮廓曲线"→弹出"轮廓拾取工具"对话框→选择拾取元素类型"3D 曲线"，拾取方式"链拾取"，拾取图素（图 3-65）→单击 ✓，返回"创建：轮廓导动精加工"对话框；选择必要"截面线"→弹出"轮廓拾取工具"对话框→选择拾取元素类型"3D 曲线"，拾取方式"链拾取"，拾取图素（图 3-66）→单击 ✓，返回"创建：轮廓导动精加工"对话框。

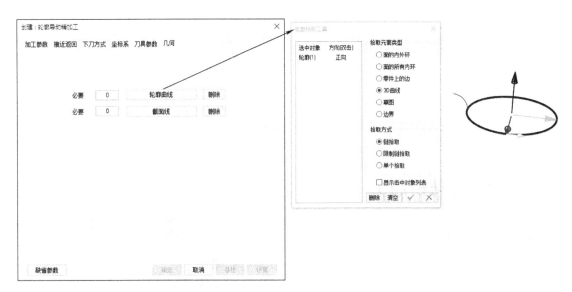

图 3-65

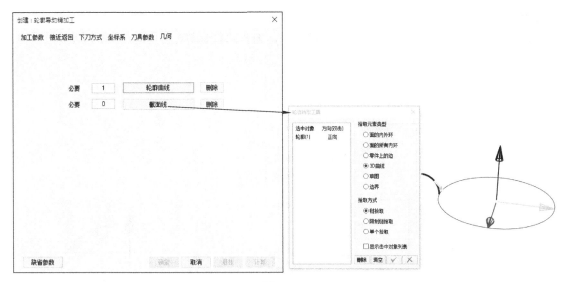

图　3-66

需要设定的参数如下：

1）加工参数：加工参数"行距"，行距"1"，精度"0.01"，加工余量"0"；走刀方式"往复"；拐角过渡方式"圆弧"；截面线侧向"内侧"；轮廓曲线方向"顺时针"，如图 3-67 所示。

2）接近返回：默认即可。

3）下刀方式：安全高度（H0）"30"，慢速下刀距离（H1）"10"，退刀距离（H2）"10"，切入方式"垂直"，如图 3-68 所示。

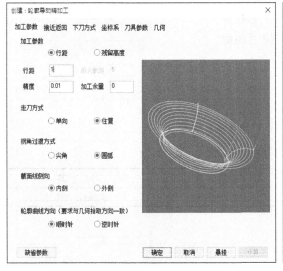

图　3-67

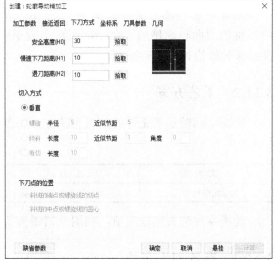

图　3-68

4）坐标系：默认世界坐标系即可。

5）刀具参数：类型"球头铣刀"，刀杆类型"圆柱"，刀具号"5"，单击"DH 同值"，刀杆长"35"，刃长"20"，直径"10"，如图 3-69 所示；单击"速度参数"→主轴转速"4500"，慢速下刀速度（F0）"1000"，切入切出连接速度（F1）"1000"，切削速度（F2）

"2000"，退刀速度（F3）"3000"。

6）单击"确定"按钮，执行刀具路径运算，刀具路径运算结果如图 3-70 所示。

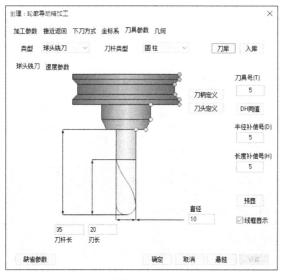

图 3-69   图 3-70

3.11 曲面轮廓精加工

3.11.1 曲面轮廓精加工文件

曲面轮廓精加工文件如图 3-71 所示。本节主要介绍三轴的曲面轮廓精加工命令，在这个例子中使用曲面文件和轮廓进行刀路的编制。

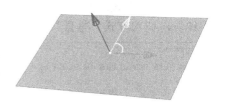

3.11.2 工艺方案

图 3-71

曲面轮廓精加工文件的加工工艺方案如表 3-11 所示。

表 3-11

加 工 内 容	加 工 方 式	机　床	刀　具
曲面轮廓精加工	曲面轮廓精加工	三轴机床	ϕ10mm 立铣刀

此类零件装夹比较简单，利用平口钳夹持。

3.11.3 准备加工文件

打开 CAXA 制造工程师 2022 软件，打开 3-11.mcs 文件，进行曲面轮廓精加工。

3.11.4 创建坐标系

用系统自动生成的一个世界坐标系即可。

3.11.5 编程详细操作步骤

步骤: 单击"制造"→"三轴"→"曲面轮廓精加工"→弹出"创建: 曲面轮廓精加工"对话框→选择"几何"→选择必要"轮廓曲线"→弹出"轮廓拾取工具"对话框→选择拾取元素类型"面的内外环", 拾取图素(图 3-72)→单击 √, 返回"创建: 曲面轮廓精加工"对话框; 选择必要"加工曲面"→弹出"面拾取工具"对话框→选择拾取元素类型"面", 拾取图素(图 3-73)→单击 √, 返回"创建: 曲面轮廓精加工"对话框。

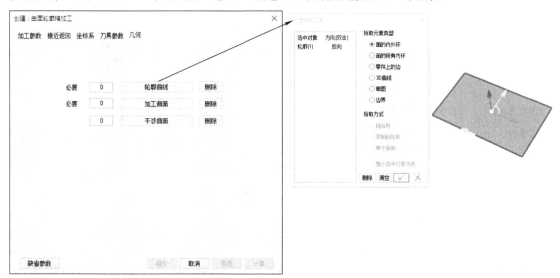

图　3-72

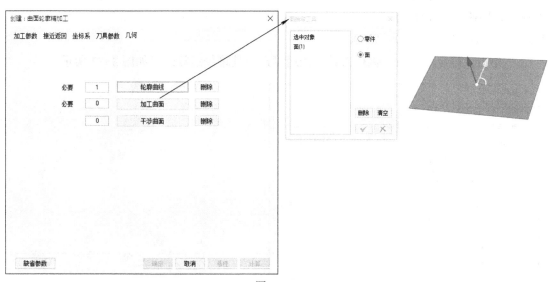

图　3-73

需要设定的参数如下:

1)加工参数: 走刀方式"单向"; 拐角过渡方式"圆弧"; 偏移方向"左偏"; 余量和精度→轮廓精度"0.01", 加工余量"0.01", 干涉余量"0", 加工精度"0.01", 轮廓余量"0", 安全高度"30"; 刀次和行距→刀次"1"; 轮廓补偿"TO"; 曲面边界处"保护"，如图 3-74 所示。

2）接近返回：接近方式"圆弧"，圆弧半径"5"；返回方式"圆弧"，圆弧半径"5"，如图 3-75 所示。

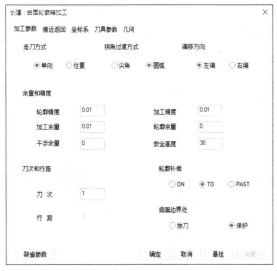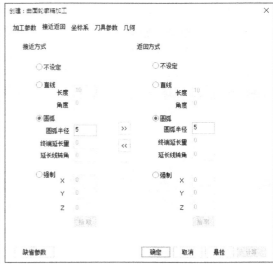

图 3-74　　　　　　　　　　　　　　图 3-75

3）坐标系：默认世界坐标系即可。

4）刀具参数：类型"立铣刀"，刀杆类型"圆柱"，刀具号"1"，单击"DH 同值"，刀杆长"35"，刃长"20"，直径"10"，如图 3-76 所示；单击"速度参数"→主轴转速"4500"，慢速下刀速度（F0）"1000"，切入切出连接速度（F1）"1000"，切削速度（F2）"2500"，退刀速度（F3）"3000"。

5）单击"确定"按钮，执行刀具路径运算，刀具路径运算结果如图 3-77 所示。

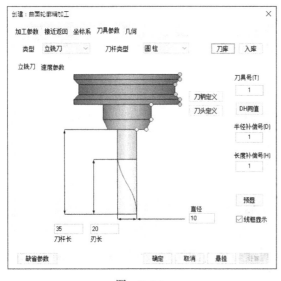

图 3-76　　　　　　　　　　　　　　图 3-77

3.12 曲面区域精加工

3.12.1 曲面区域精加工文件

曲面区域精加工文件如图 3-71 所示。本节主要介绍三轴的曲面区域精加工命令，在这个例子中使用曲面文件和轮廓进行刀路的编制。

3.12.2 工艺方案

曲面区域精加工文件的加工工艺方案如表 3-12 所示。

表 3-12

加工内容	加工方式	机 床	刀 具
曲面区域精加工	曲面区域精加工	三轴机床	ϕ10mm 球头铣刀

此类零件装夹比较简单，利用平口钳夹持。

3.12.3 准备加工文件

打开 CAXA 制造工程师 2022 软件，打开 3-12.mcs 文件，进行曲面区域精加工。

3.12.4 创建坐标系

用系统自动生成的一个世界坐标系即可。

3.12.5 编程详细操作步骤

步骤：单击"制造"→"三轴"→"曲面区域精加工"→弹出"创建：曲面区域精加工"对话框→选择"几何"→选择必要"加工曲面"→弹出"面拾取工具"对话框→选择拾取元素类型"面"，拾取图素（图 3-78）→单击 ✓，返回"创建：曲面区域精加工"对话框；选择必要"轮廓曲线"→弹出"轮廓拾取工具"对话框→选择拾取元素类型"面的内外环"，拾取图素（图 3-79）→单击 ✓，返回"创建：曲面区域精加工"对话框。

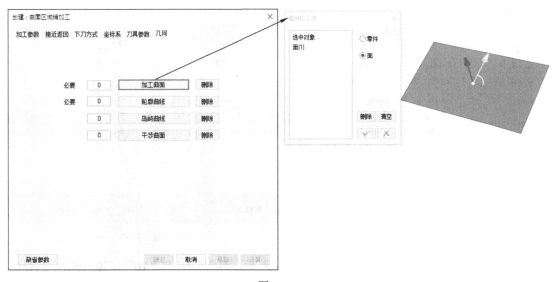

图 3-78

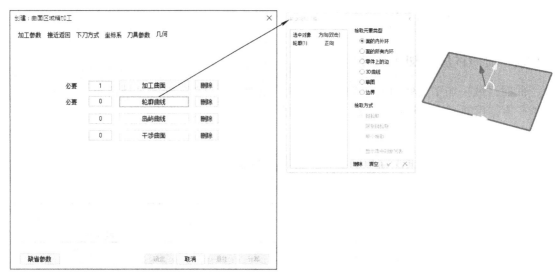

图 3-79

需要设定的参数如下：

1）加工参数：走刀方式"环切加工""从外向里"，行距"1"；拐角过渡方式"圆弧"；余量和精度→加工余量"0"，加工精度"0.01"，轮廓余量"0"，轮廓精度"0.01"，岛余量"0"，干涉余量"0.01"；轮廓补偿"ON"；岛补偿"TO"；轮廓清根"不清根"；岛清根"清根"；行间连接方式"传统"，曲面边界"保护"，如图 3-80 所示。

2）接近返回：接近方式"圆弧"，圆弧半径"5"；返回方式"圆弧"，圆弧半径"5"；如图 3-81 所示。

图 3-80

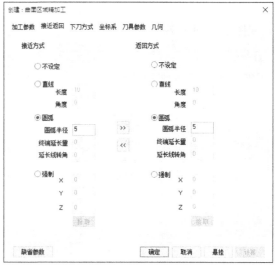

图 3-81

3）下刀方式：安全高度（H0）"30"，慢速下刀距离（H1）"10"，退刀距离（H2）

"10"，切入方式"垂直"，如图 3-82 所示。

4）坐标系：默认世界坐标系即可。

5）刀具参数：类型"球头铣刀"，刀杆类型"圆柱"，刀具号"5"，单击"DH 同值"，刀杆长"35"，刃长"20"，直径"10"，如图 3-83 所示，单击"速度参数"→主轴转速"4500"，慢速下刀速度（F0）"1000"，切入切出连接速度（F1）"1000"，切削速度（F2）"2500"，退刀速度（F3）"3000"。

图 3-82

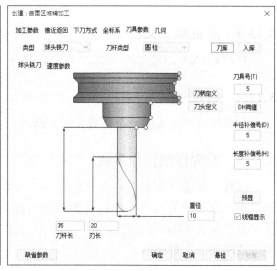

图 3-83

6）单击"确定"按钮，执行刀具路径运算，刀具路径运算结果如图 3-84 所示。

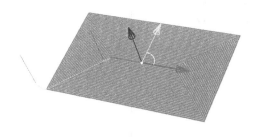

图 3-84

3.13 参数线精加工

3.13.1 参数线精加工文件

参数线精加工文件如图 3-71 所示。本节主要介绍三轴的参数线精加工命令，在这个例子中使用曲面文件进行刀路的编制。

3.13.2 工艺方案

参数线精加工文件的加工工艺方案如表 3-13 所示。

表 3-13

加 工 内 容	加 工 方 式	机 床	刀 具
参数线精加工	参数线精加工	三轴机床	ϕ10mm 球头铣刀

此类零件装夹比较简单，利用平口钳夹持。

3.13.3 准备加工文件

打开 CAXA 制造工程师 2022 软件，打开 3-13.mcs 文件，进行参数线精加工。

3.13.4 创建坐标系

用系统自动生成的一个世界坐标系即可。

3.13.5 编程详细操作步骤

步骤：单击"制造"→"三轴"→"参数线精加工"→弹出"创建：参数线精加工"对话框→选择"几何"→选择必要"加工曲面"→弹出"参数面拾取工具"对话框→请选择角点"角点 1"，请选择方向"方向 1"，拾取图素（图 3-85）→单击 ✓，返回"创建：参数线精加工"对话框。

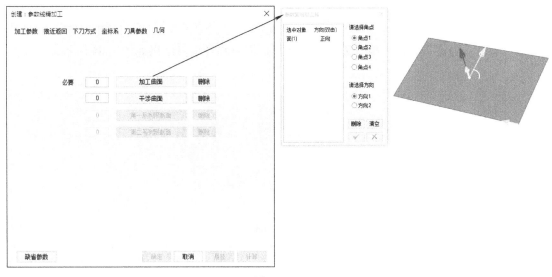

图 3-85

需要设定的参数如下：

1）加工参数：切入方式"不设定"；切出方式"不设定"；行距定义方式"行距""2"；第一系列限制曲面"无"；第二系列限制曲面"无"；遇干涉面"抬刀"；走刀方式"往复"；余量和精度→加工精度"0.01"，加工余量"0.01"，干涉（限制）余量"0.01"；干涉检查"否"，如图 3-86 所示。

2）接近返回：接近方式"圆弧"，圆弧半径"5"；返回方式"圆弧"，圆弧半径"5"，如图 3-87 所示。

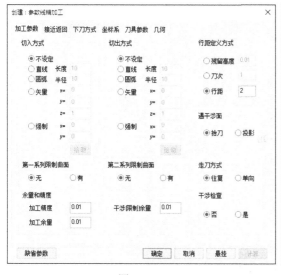

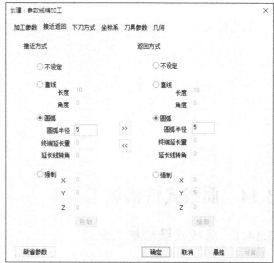

图　3-86　　　　　　　　　　　　　　　图　3-87

3）下刀方式：安全高度（H0）"30"；慢速下刀距离（H1）"10"；退刀距离（H2）"10"；切入方式"垂直"，距离（H3）"0"，如图 3-88 所示。

4）坐标系：默认世界坐标系即可。

5）刀具参数：类型"球头铣刀"，刀杆类型"圆柱"，刀具号"5"，单击"DH 同值"，刀杆长"35"，刃长"20"，直径"10"，如图 3-89 所示；单击"速度参数"→主轴转速"4500"，慢速下刀速度（F0）"1000"，切入切出连接速度（F1）"1000"，切削速度（F2）"2500"，退刀速度（F3）"3000"。

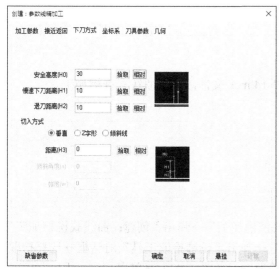

图　3-88　　　　　　　　　　　　　　　图　3-89

6）单击"确定"按钮，执行刀具路径运算，刀具路径运算结果如图 3-90 所示。

图　3-90

3.14　曲线式铣槽加工

3.14.1　曲线式铣槽加工文件

曲线式铣槽加工文件如图 3-91 所示。本节主要介绍三轴的曲线式铣槽加工命令，在这个例子中使用曲线进行刀路的编制。

图　3-91

3.14.2　工艺方案

曲线式铣槽加工文件的加工工艺方案如表 3-14 所示。

表　3-14

加 工 内 容	加 工 方 式	机　床	刀　具
铣槽加工	曲线式铣槽加工	三轴机床	ϕ10mm 立铣刀

此类零件装夹比较简单，利用平口钳夹持。

3.14.3　准备加工文件

打开 CAXA 制造工程师 2022 软件，打开 3-14.mcs 文件，进行曲线式铣槽加工。

3.14.4　创建坐标系

用系统自动生成的一个世界坐标系即可。

3.14.5　编程详细操作步骤

步骤：单击"制造"→"三轴"→"曲线式铣槽加工"→弹出"创建：曲线式铣槽加工"对话框→选择"几何"→选择必要"曲线路径"→弹出"轮廓拾取工具"对话框→选择拾取元素类型"3D 曲线"，拾取方式"链拾取"，拾取图素（图 3-92）→单击 ✓，返回"创建：曲线式铣槽加工"对话框。

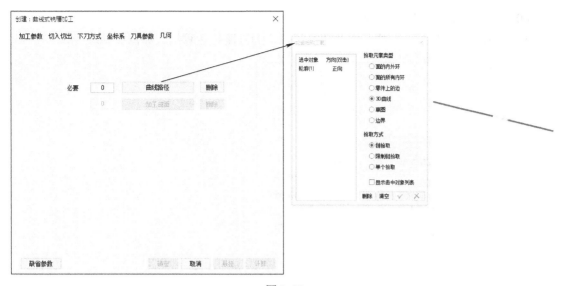

图 3-92

需要设定的参数如下:

1）加工参数:勾选"粗加工"→层高"2",开始位置→高度"10",加工方向"往复",其他默认缺省参数,如图 3-93 所示。

2）下刀方式:安全高度(H0)"30";慢速下刀距离(H1)"10";退刀距离(H2)"10";切入方式"垂直",距离(H3)"0",如图 3-94 所示。

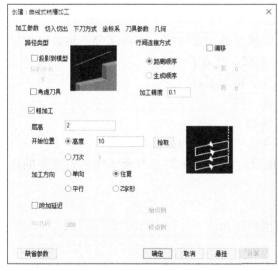

图 3-93

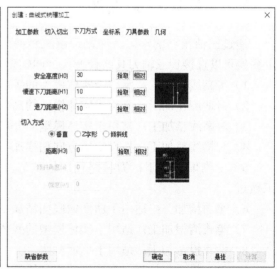

图 3-94

3）坐标系:默认世界坐标系即可。

4）刀具参数:类型"立铣刀",刀杆类型"圆柱",刀具号"1",单击"DH 同值",刀杆长"35",刃长"20",直径"10",如图 3-95 所示;单击"速度参数"→主轴转速"4500",慢速下刀速度(F0)"1000",切入切出连接速度(F1)"1000",切削速度(F2)

"2500"，退刀速度（F3）"3000"。

5）单击"确定"按钮，执行刀具路径运算，刀具路径运算结果如图 3-96 所示。

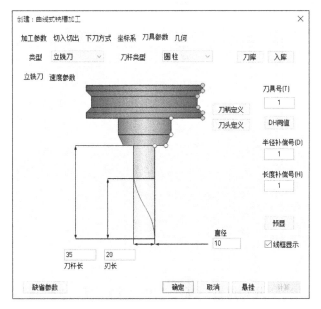

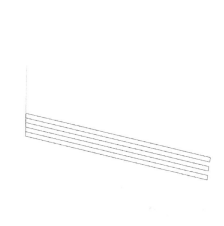

图　3-95　　　　　　　　　　　　　　　　　图　3-96

3.15　工程师经验点评

通过三轴策略的学习，深刻理解三轴曲面和模型的加工策略。本章部分三轴策略的轨迹变换可以直接让三轴刀具路径变换为四轴刀具路径。现在总结如下：

1）等高线粗加工：常用于实体模型的等高分层粗加工。

2）自适应粗加工：常用于实体模型的高效动态粗加工。

3）等高线精加工：常用于实体模型的分层精加工。

4）扫描线精加工：按设定的方向扫描加工曲面生成的精加工轨迹。

5）三维偏置加工：刀具路径比较均匀，按设定的行距在加工曲面生成一组等距的加工轨迹。

6）平面精加工：适用于曲面的底面精加工。

7）笔式清根加工：适用于实体模型的残留清根精加工。

8）曲线投影加工：适用于曲面刻字。

9）轨迹投影精加工：将已有的刀具轨迹投影到曲面上生成刀具轨迹。

10）轮廓导动精加工：是倒圆角、倒角比较方便的刀具策略。

11）曲面轮廓精加工：沿一个轮廓线加工曲面上的刀具轨迹。

12）曲面区域精加工：曲面上封闭区域的精加工。

13）参数线精加工：按参数来进行的精加工策略。

14）曲线式铣槽加工：可以通过一根线生成切断或铣槽的加工策略。

第4章

四轴加工策略应用讲解

4.1 四轴旋转粗加工策略

4.1.1 四轴旋转粗加工策略演示模型

四轴旋转粗加工策略演示模型如图 4-1 所示。本节主要介绍四轴旋转粗加工命令的使用。在这个例子中使用实体模型进行刀路的编制。

图 4-1

4.1.2 工艺方案

四轴旋转粗加工策略演示模型的加工工艺方案如表 4-1 所示。

表 4-1

加工内容	加工方式	机 床	刀 具
粗加工	四轴旋转粗加工	四轴机床	ϕ10mm 立铣刀

此类零件装夹比较简单,利用自定心卡盘夹持即可。

4.1.3 准备加工文件

打开 CAXA 制造工程师 2022 软件,打开 4-1.mcs 文件,进行四轴粗加工。

4.1.4 创建坐标系

用系统自动生成的一个世界坐标系即可。

4.1.5 创建毛坯

单击"创建"→"毛坯"→弹出"创建毛坯"→选择"圆柱体"→轴向"+X"→高度"70",半径"40"(图 4-2)→单击"确定",结束创建毛坯。

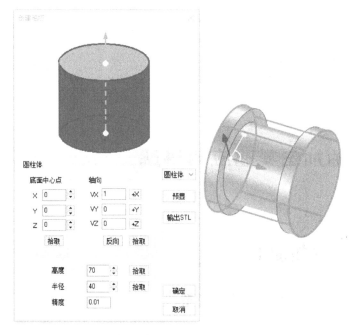

图 4-2

4.1.6 编程详细操作步骤

步骤：单击"制造"→"多轴"→"四轴旋转粗加工"→弹出"创建：四轴旋转粗加工"对话框→选择"几何"→选择必要"加工曲面"→弹出"面拾取工具"对话框→选择拾取元素类型"零件"，拾取图素（图 4-3）→单击 ✓，返回"创建：四轴旋转粗加工"对话框；选择必要"毛坯"→拾取毛坯（图 4-4）→单击鼠标右键结束拾取，返回"创建：四轴旋转粗加工"对话框。

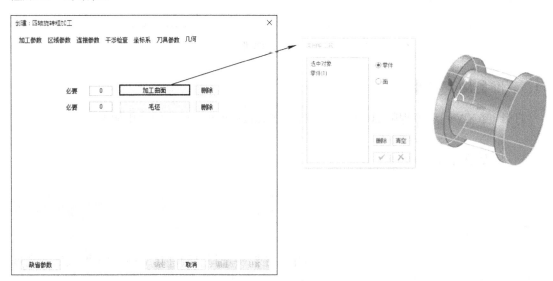

图 4-3

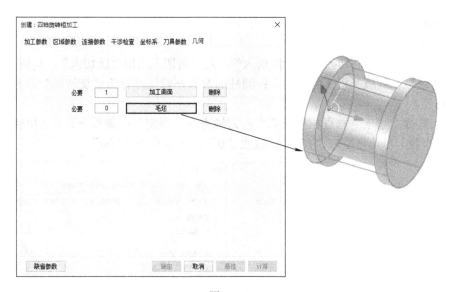

图 4-4

需要设定的参数如下：

1）加工参数：加工方式"往复"；加工方向"顺时针"；走刀方式"绕轴线"；旋转轴→轴原点 X "0"，Y "0"，Z "0"，轴向量单击"+X"；行距：最大行距"7.96"，勾选"自适应"；余量和精度→加工余量"0.1"，加工精度"0.02"；多刀次勾选"使用"；轴心偏移"0"（图 4-5）；单击"多刀次参数"→弹出"多刀次"对话框，刀次参数→层"8"，间距"2"，排序规则"按层"（图 4-6），单击"确定"，返回"创建：四轴旋转粗加工"对话框。

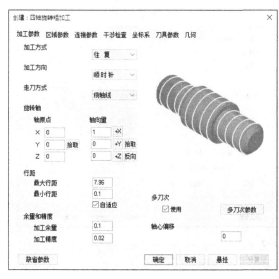

图 4-5

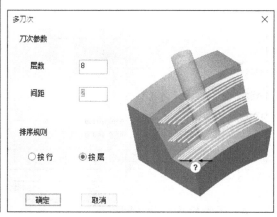

图 4-6

2）区域参数：默认即可。

3）连接参数：如图 4-7 所示。

① 起始 / 结束段：接近方式"加切入"（图 4-7 中未展示）。

② 行间连接：小行间连接方式"光滑连接"，小行间切入切出"仅切入"，大行间切入切出"仅切入"，其他默认即可。

③ 层间连接：小层高切入切出"仅切入"，大层高切入切出"仅切入"，其他默认即可。

④ 空切区域：区域类型"圆柱面"；圆柱面参数→轴线平行于"旋转轴"，半径"用户定义""45"。

⑤ 切入参数：选项"垂直相切圆弧"；刀轴方向"固定"；参数→直径/角度→圆心角"90"，弧直径/刀具直径%"100"，高度"0"，进给率%"100"。

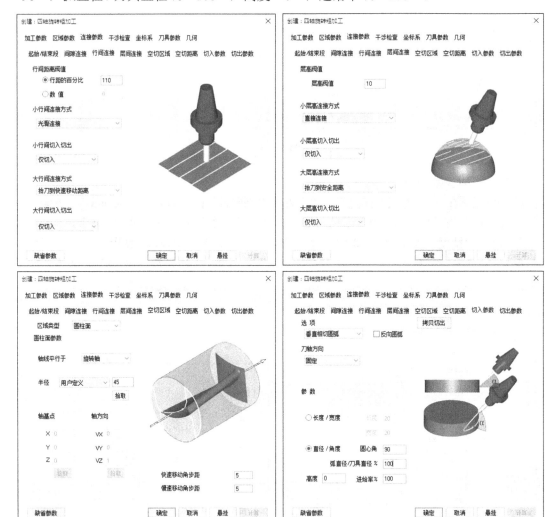

图 4-7

4）干涉检查：默认即可。

5）坐标系：默认世界坐标系即可。

6）刀具参数：类型"立铣刀"，刀杆类型"圆柱"，刀具号"1"，单击"DH同值"，刀杆长"35"，刃长"25"，直径"10"，如图4-8所示；单击"速度参数"→主轴转速"4500"，慢速下刀速度（F0）"1000"，切入切出连接速度（F1）"2500"，切削速度（F2）"2500"，退刀速度（F3）"3000"。

7）单击"确定"按钮，执行刀具路径运算，刀具路径运算结果如图 4-9 所示。

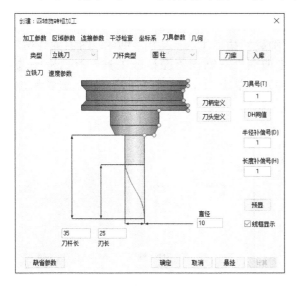

图 4-8

图 4-9

4.2 四轴旋转精加工策略

4.2.1 四轴旋转精加工策略演示模型

四轴旋转精加工策略演示模型如图 4-1 所示。本节主要介绍四轴旋转精加工命令的使用。在这个例子中使用实体模型进行刀路的编制。

4.2.2 工艺方案

四轴旋转精加工策略演示模型的加工工艺方案如表 4-2 所示。

表 4-2

加 工 内 容	加 工 方 式	机 床	刀 具
精加工	四轴旋转精加工	四轴机床	ϕ10mm 立铣刀

此类零件装夹比价简单，利用自定心卡盘夹持即可。

4.2.3 准备加工文件

打开 CAXA 制造工程师 2022 软件，打开 4-2.mcs 文件，进行四轴精加工。

4.2.4 创建坐标系

用系统自动生成的一个世界坐标系即可。

4.2.5 编程详细操作步骤

步骤： 单击"制造"→"多轴"→"四轴旋转精加工"→弹出"创建：四轴旋转精加工"对话框→选择"几何"→选择必要"加工曲面"→弹出"面拾取工具"对话框→选择拾取元素类型"零件"，拾取图素（图 4-10）→单击 ✓，返回"创建：四轴旋转精加工"对话框。

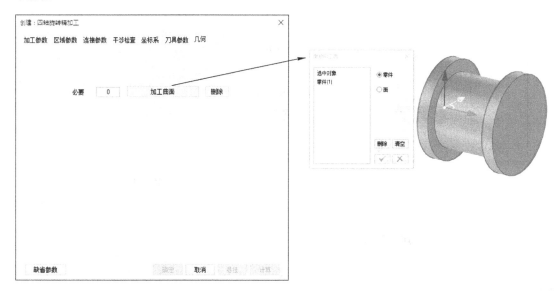

图 4-10

需要设定的参数如下：

1）加工参数：加工方式"单向"；加工方向"顺时针"；走刀方式"绕轴线"；旋转轴→轴原点 X "0"，Y "0"，Z "0"，轴向量单击"+X"；行距→最大行距"7"，勾选"自适应"，最小行距"1"；余量和精度→加工余量"0"，加工精度"0.005"；轴心偏移"0"，如图 4-11 所示。

2）区域参数：角度和轴向范围→角度范围→起始角"0"，终止角"360"；轴向范围→用户设定轴向范围→起始值"15"，终止值"55"，如图 4-12 所示。

3）连接参数：如图 4-13 所示。

① 起始 / 结束段：接近方式"加切入"，返回方式"加切出"。

② 行间连接：小行间连接方式"直接连接"，小行间切入切出"切入 / 切出"，大行间切入切出"切入 / 切出"，其他默认即可。

③ 空切区域：区域类型"圆柱面"；圆柱面参数→轴线平行于"旋转轴"，半径"用户定义""45"。

④ 切入参数：选项"垂直相切圆弧"；刀轴方向"固定"；参数→直径 / 角度→圆心角"90"，弧直径 / 刀具直径 % "100"，高度"0"，进给率 % "100"。

⑤ 切出参数：单击"拷贝切入"，按默认即可（图 4-13 中未展示）。

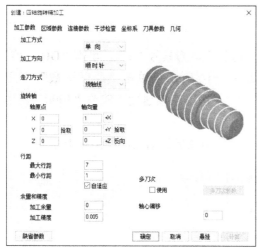

图 4-11

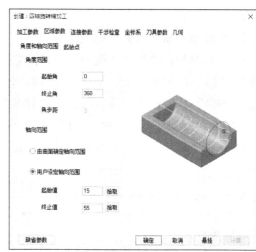

图 4-12

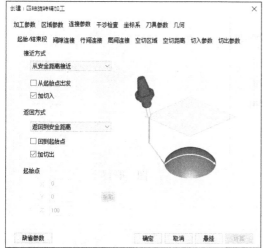

图 4-13

4）干涉检查：默认即可。

5）坐标系：默认世界坐标系即可。

6）刀具参数：类型"立铣刀"，刀杆类型"圆柱"，刀具号"1"，单击"DH 同值"，刀杆长"35"，刃长"25"，直径"10"，如图 4-14 所示；单击"速度参数"→主轴转速"4500"，慢速下刀速度（F0）"1000"，切入切出连接速度（F1）"1000"，切削速度（F2）"2500"，退刀速度（F3）"3000"。

7）单击"确定"按钮，执行刀具路径运算，刀具路径运算结果，如图 4-15 所示。

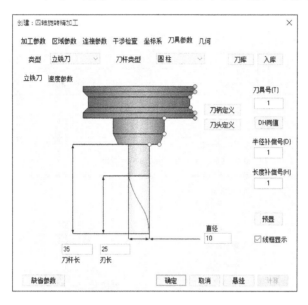

图　4-14

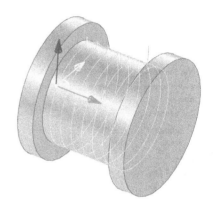

图　4-15

4.3　四轴螺旋线加工策略

4.3.1　四轴螺旋线加工策略演示

本节主要介绍四轴螺旋线加工命令的使用。在这个例子中使用参数进行刀路的编制。

4.3.2　工艺方案

四轴螺旋线加工策略演示的加工工艺方案如表 4-3 所示。

表　4-3

加 工 内 容	加 工 方 式	机　床	刀　具
精加工	四轴螺旋线加工	四轴机床	ϕ10mm 立铣刀

此类零件装夹比价简单，利用自定心卡盘夹持即可。

4.3.3 准备加工文件

打开 CAXA 制造工程师 2022 软件，进行四轴螺旋线加工。

4.3.4 创建坐标系

用系统自动生成的一个世界坐标系即可。

4.3.5 编程详细操作步骤

1）几何：单击"制造"→"多轴"→"四轴螺旋线加工"→弹出"创建：四轴螺旋线加工"对话框→选择"几何"，螺旋参数→旋转轴"X 轴"，旋向"左旋"，半径"30"（可根据实际图样改），螺距"20"（可根据实际图样改）；起始点→角度偏移"0"，轴向偏移"0"；终止点→轴向偏移"60"（实际轴向长度），如图 4-16 所示。

2）加工参数：加工方式"槽加工"；走刀方式"往复"；深度和层深→深度"10"，层深"2"；余量和精度→加工精度"0.01"；绕旋转轴圆周阵列→阵列个数"1"，旋转角度"0"，如图 4-17 所示。

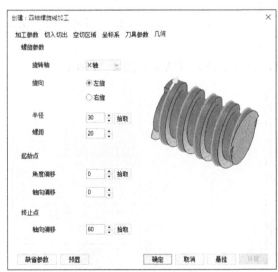

图 4-16

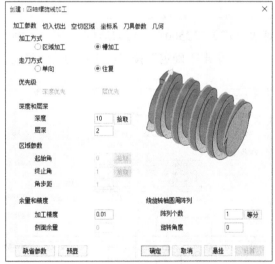

图 4-17

3）切入切出：切入方式"圆弧"，半径"3"，圆心角"90"；切出方式"圆弧"，半径"3"，圆心角"90"，如图 4-18 所示。

4）空切区域：区域类型"圆柱面"；圆柱面→起始半径"60"，安全半径"50"，旋转轴"X 轴"；角步距"5"，如图 4-19 所示。

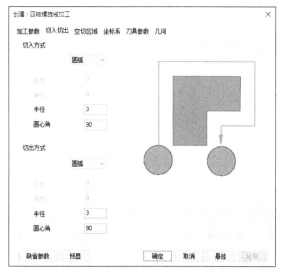

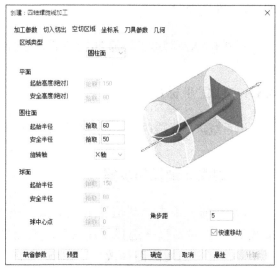

图 4-18   图 4-19

5）坐标系：默认世界坐标系即可。

6）刀具参数：类型"立铣刀"，刀杆类型"圆柱"，刀具号"1"，单击"DH 同值"，刀杆长"35"，刃长"25"，直径"10"，如图 4-20 所示；单击"速度参数"→主轴转速"4500"，慢速下刀速度（F0）"1000"，切入切出连接速度（F1）"1000"，切削速度（F2）"2500"，退刀速度（F3）"3000"。

7）单击"确定"按钮，执行刀具路径运算，刀具路径运算结果如图 4-21 所示。

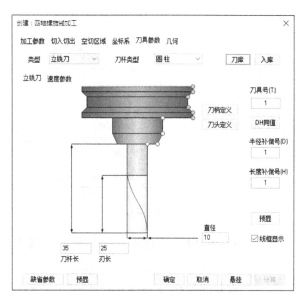

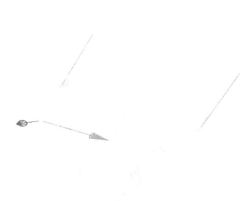

图 4-20   图 4-21

4.4 四轴轨迹包裹加工策略

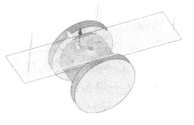

4.4.1 四轴轨迹包裹加工策略模型

四轴轨迹包裹加工策略模型如图 4-22 所示。本节主要介绍四轴轨迹包裹加工命令的使用。在这个例子中使用文件给定的刀具路径作为源轨迹，利用四轴轨迹包裹加工命令进行刀路的编制。

图 4-22

4.4.2 工艺方案

四轴轨迹包裹加工策略模型的加工工艺方案如表 4-4 所示。

表 4-4

加 工 内 容	加 工 方 式	机 床	刀 具
粗加工	四轴轨迹包裹加工	四轴机床加工	ϕ10mm 立铣刀

此类零件装夹比价简单，利用自定心卡盘夹持即可。

4.4.3 准备加工文件

打开 CAXA 制造工程师 2022 软件，打开 4-4.mcs 文件，进行四轴粗加工。

4.4.4 创建坐标系

用系统自动生成的一个世界坐标系即可。

4.4.5 创建毛坯

单击"创建"→"毛坯"→弹出"创建毛坯"→选择"圆柱体"→底面中心点 Y"-10"，轴向"+Y"→单击"反向"→高度"50"，半径"30"（图 4-23）→单击"确定"按钮，结束创建毛坯。

图 4-23

95

4.4.6 编程详细操作步骤

步骤：单击"制造"→"多轴"→"四轴轨迹包裹加工"→弹出"创建：四轴轨迹包裹加工"对话框。具体设定的参数如下：

1）加工参数：包裹对象：圆柱体／圆锥体／旋转体毛坯→必要单击"拾取"→拾取毛坯（图4-24）→单击鼠标右键结束拾取→返回"创建：四轴轨迹包裹加工"对话框；源轨迹：二轴／三轴轨迹→基点（BP）单击"拾取"，选点（图4-25），返回"创建：四轴轨迹包裹加工"对话框；必要单击"拾取"→拾取源轨迹（图4-26），单击鼠标右键结束拾取，返回"创建：四轴轨迹包裹加工"对话框；包裹对象上的基点偏移→轴向偏移"0"，角度偏移"0"，径向偏移"0"；轨迹点优化→切削段最大点距"0.3"，空切段最大点距"3"。

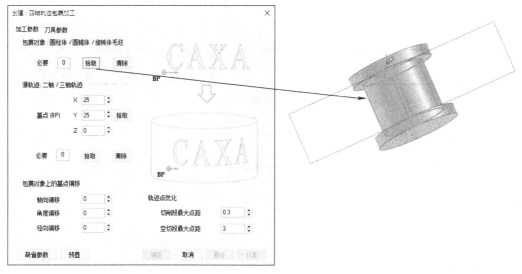

图 4-24

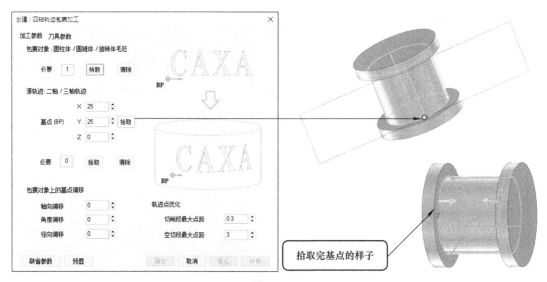

图 4-25

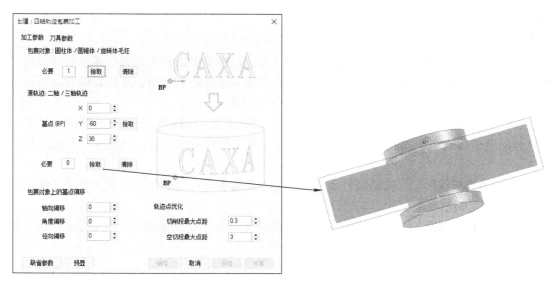

图　4-26

2）刀具参数：类型"立铣刀"，刀杆类型"圆柱"，刀具号"1"，单击"DH 同值"，刀杆长"35"，刃长"25"，直径"10"，如图 4-27 所示；单击"速度参数"→主轴转速"4500"，慢速下刀速度（F0）"1000"，切入切出连接速度（F1）"1000"，切削速度（F2）"2500"，退刀速度（F3）"3000"。

3）单击"确定"按钮，执行刀具路径运算，刀具路径运算结果如图 4-28 所示。

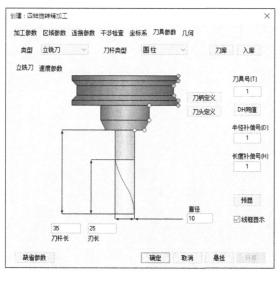

图　4-27

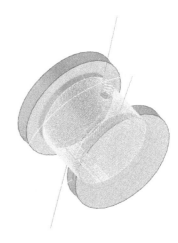

图　4-28

4.5　工程师经验点评

相对于三轴加工功能，四轴加工功能增加了一个旋转轴，因此四轴加工功能主要是针对旋转体毛坯进行各式各样的加工。典型的四轴加工功能有四轴旋转加工、四轴螺旋线加工和轨迹包裹加工等。现总结如下：

1）四轴旋转粗加工：是最基础的四轴加工方式，用于生成分层沿轴线或绕轴线的旋转体粗加工轨迹。行距 =[要加工面的宽度 − 刀具直径 −（余量 ×2）] N，N 代表倍数，当行距过小或过大时，可通过扩大或缩小倍数得到合适的行距。

2）四轴旋转精加工：是最基础的四轴加工方式，在四轴旋转粗加工工件的基础上，生成分层沿轴线或绕轴线的旋转体精加工轨迹，使工件最终达到需要的尺寸与形状的加工方法。

3）四轴螺旋线加工：按沿圆柱面上设定好的螺旋参数：旋转轴、旋向、半径、螺距生成加工轨迹的方法。

4）四轴轨迹包裹加工：将二轴、三轴轨迹包裹在旋转体表面的轨迹加工方法，是一种非常实用的柱面刻字加工方法。

第5章

五轴加工策略应用讲解

5.1 五轴平行面加工

5.1.1 五轴平行面加工模型

五轴平行面加工模型如图 5-1 所示。本节主要介绍多轴的五轴平行面加工命令，在这个例子中使用曲面模型进行刀路的编制。

5.1.2 工艺方案

五轴平行面加工模型的加工工艺方案如表 5-1 所示。

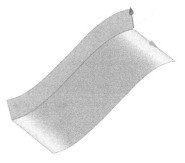

图 5-1

表 5-1

加工内容	加工方式	机　床	刀　具
精加工	五轴平行面加工	五轴机床	ϕ10mm 球头铣刀

此类零件装夹比较简单，利用平口钳夹持。

5.1.3 准备加工文件

打开 CAXA 制造工程师 2022 软件，打开 5-1.mcs 文件，精加工曲面。

5.1.4 创建坐标系

用系统自动生成的一个世界坐标系即可。

5.1.5 编程详细操作步骤

步骤：单击"制造"→"多轴"→"五轴平行面加工"→弹出"创建：五轴平行面加工"对话框→选择"几何"→选择必要"加工曲面"→弹出"面拾取工具"对话框→选择拾取元素类型"面"，拾取图素（注意拾取面的方向）（图 5-2）→单击 ✓ ，返回"创建：五轴平行面加工"对话框；选择必要"单侧限制面"→弹出"面拾取工具"对话框→选择拾取元素类型"面"，拾取图素（注意拾取面的方向）（图 5-3）→单击 ✓，返回"创建：五轴平行面加工"对话框。

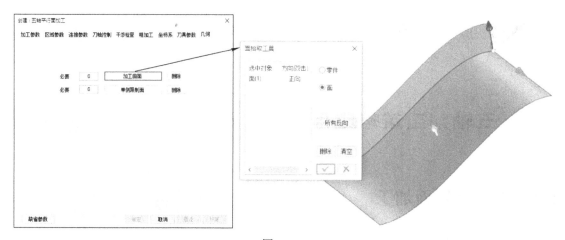

图 5-2

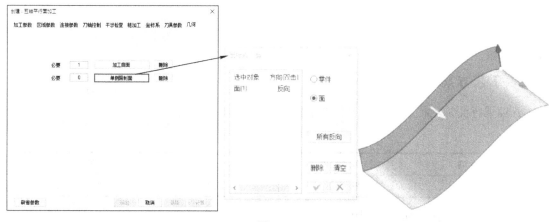

图 5-3

需要设定的参数如下：

1）加工参数：加工方式"往复"；优先策略"行优先"；加工顺序"标准"；余量和精度→加工余量"0"，加工精度"0.01"；行距"5"，如图 5-4 所示。

2）区域参数：默认即可，如图 5-5 所示。

3）连接参数：如图 5-6 所示。

① 起始 / 结束段：接近方式→勾选"加切入"，返回方式→勾选"加切出"。

② 空切区域：区域类型"平面"；平面参数→平面法矢量平行于"Z 轴"，安全高度"用户定义""50"；。

③ 切入参数：选项"垂直相切圆弧"；刀轴方向"固定"；参数→直径 / 角度→圆心角"90"，弧直径 / 刀具直径 %"100"，高度"0"，进给率 %"100"。

④ 切出参数：单击"拷贝切入"，按默认即可。

图 5-4

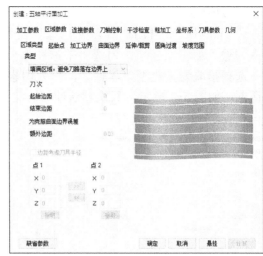

图 5-5

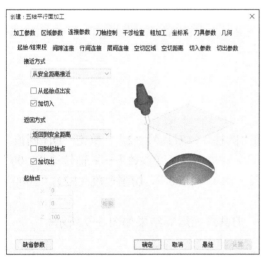

图 5-6

4）刀轴控制：默认即可。

5）干涉检查：检查（1）→勾选"使用"；刀具检查部分全部勾选；干涉检查几何→勾选"加工曲面"，勾选"干涉曲面"，单击"拾取"，弹出"面拾取工具"对话框→选择拾取元素类型"零件"，拾取图素→单击 ✓，返回"创建：五轴平行面加工"对话框，如图5-7所示。其他默认即可。

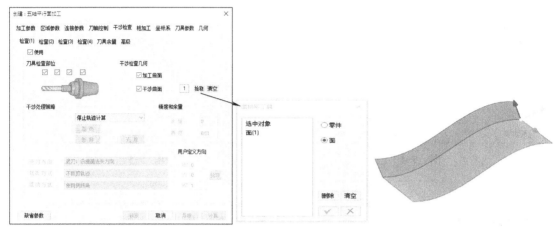

图 5-7

6）粗加工：默认即可。

7）坐标系：默认世界坐标系即可。

8）刀具参数：类型"球头铣刀"，刀杆类型"圆柱"，刀具号"2"，单击"DH同值"，刀杆长"35"，刃长"20"，直径"10"，如图5-8所示；单击"速度参数"→主轴转速"4500"，慢速下刀速度（F0）"1000"，切入切出连接速度（F1）"1000"，切削速度（F2）"2000"，退刀速度（F3）"3000"。

9）单击"确定"按钮，执行刀具路径运算，刀具路径运算结果如图5-9所示。

图 5-8

图 5-9

5.2 五轴平行加工

5.2.1 五轴平行加工模型

五轴平行加工模型如图 5-10 所示。本节主要介绍多轴的五轴平行加工命令，在这个例子中使用曲面进行刀路的编制。

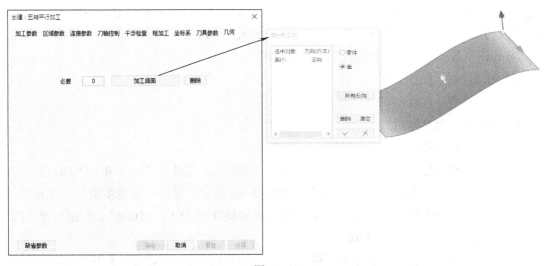

图 5-10

5.2.2 工艺方案

五轴平行加工模型的加工工艺方案如表 5-2 所示。

表 5-2

加 工 内 容	加 工 方 式	机　床	刀　具
精加工	五轴平行加工	五轴机床	ϕ10mm 球头铣刀

此类零件装夹比较简单，利用平口钳夹持。

5.2.3 准备加工文件

打开 CAXA 制造工程师 2022 软件，打开 5-2.mcs 文件，精加工曲面。

5.2.4 创建坐标系

用系统自动生成的一个世界坐标系即可。

5.2.5 编程详细操作步骤

步骤：单击"制造"→"多轴"→"五轴平行加工"→弹出"创建：五轴平行加工"对话框→选择"几何"→选择必要"加工曲面"→弹出"面拾取工具"对话框→选择拾取元素类型"面"，拾取图素（注意拾取面的方向）（图 5-11）→单击 ✓，返回"创建：五轴平行加工"对话框。

图 5-11

需要设定的参数如下：

1）加工参数：加工方式"往复"；优先策略"行优先"；加工顺序"标准"；加工角度→与 Y 轴夹角"0"，与水平面夹角"90"；余量和精度→加工余量"0"，加工精度"0.01"；行距"5"，如图 5-12 所示。

2）区域参数：区域类型→类型"填满区域，刀路起始及结束于边界上"，其他默认即可，如图 5-13 所示。

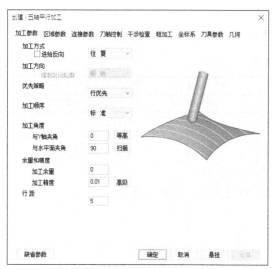

图 5-12

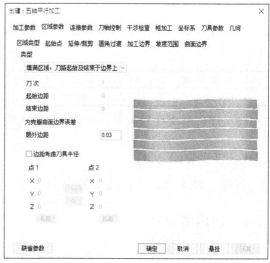

图 5-13

3）连接参数：如图 5-14 所示。

① 起始 / 结束段：接近方式→勾选"加切入"，返回方式→勾选"加切出"。

② 空切区域：区域类型"平面"；平面参数→平面法矢量平行于"Z 轴"，安全高度"用户定义""50"。

③ 切入参数：选项"垂直相切圆弧"；刀轴方向"固定"；参数→直径 / 角度→圆心角"90"，弧直径 / 刀具直径 %"100"，高度"0"，进给率 %"100"。

④ 切出参数：单击"拷贝切入"，按默认即可。

4）刀轴控制：默认即可。

5）干涉检查：默认即可。

6）粗加工：默认即可。

7）坐标系：默认世界坐标系即可。

8）刀具参数：类型"球头铣刀"，刀杆类型"圆柱"，刀具号"2"，单击"DH 同值"，刀杆长"35"，刃长"20"，直径"10"，如图 5-15 所示；单击"速度参数"→主轴转速"4500"，慢速下刀速度（F0）"1000"，切入切出连接速度（F1）"1000"，切削速度（F2）"2000"，退刀速度（F3）"3000"。

9）单击"确定"按钮，执行刀具路径运算，刀具路径运算结果如图 5-16 所示。

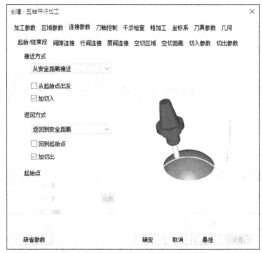

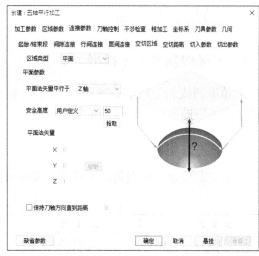

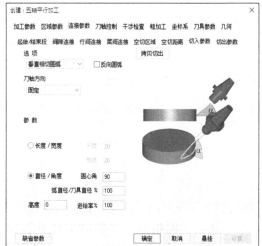

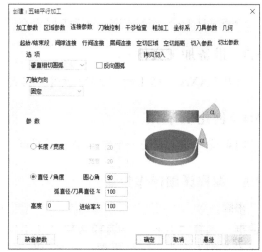

图　5-14

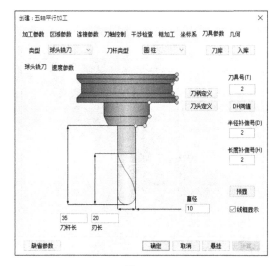

图　5-15

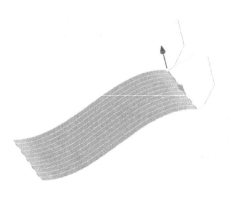

图　5-16

5.3 五轴限制线加工

5.3.1 五轴限制线加工模型

五轴限制线加工模型如图 5-10 所示。本节主要介绍多轴的五轴限制线加工命令，在这个例子中使用曲面进行刀路的编制。

5.3.2 工艺方案

五轴限制线加工模型的加工工艺方案如表 5-3 所示。

表 5-3

加 工 内 容	加 工 方 式	机 床	刀 具
精加工	五轴限制线加工	五轴机床	ϕ10mm 球头铣刀

此类零件装夹比较简单，利用平口钳夹持。

5.3.3 准备加工文件

打开 CAXA 制造工程师 2022 软件，打开 5-3.mcs 文件，精加工曲面。

5.3.4 创建坐标系

用系统自动生成的一个世界坐标系即可。

5.3.5 编程详细操作步骤

步骤：单击"制造"→"多轴"→"五轴限制线加工"→弹出"创建：五轴限制线加工"对话框→选择"几何"→选择必要"加工曲面"→弹出"面拾取工具"对话框→选择拾取元素类型"面"，拾取图素（注意拾取面的方向）（图 5-17）→单击 ✓，返回"创建：五轴限制线加工"对话框。

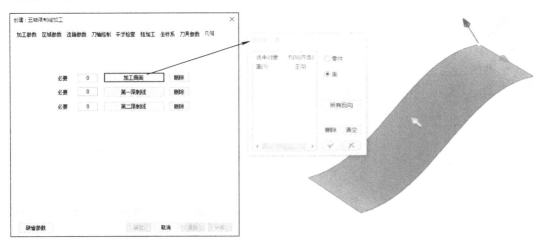

图 5-17

选择必要"第一限制线"→弹出"轮廓拾取工具"对话框→选择拾取元素类型"零件上的边"，拾取图素（注意拾取面的方向），单击鼠标右键确认拾取（图 5-18）→单击 ✓，返回"创建：五轴限制线加工"对话框。

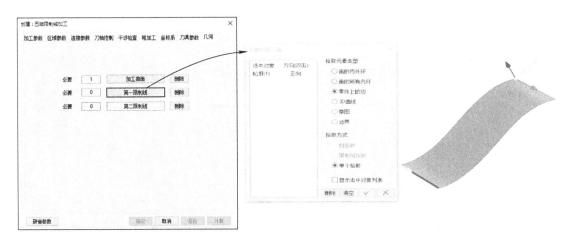

图　5-18

选择必要"第二限制线"→弹出"轮廓拾取工具"对话框→选择拾取元素类型"零件上的边"，拾取图素（注意拾取面的方向），单击鼠标右键确认拾取（图 5-19）→单击 ✓，返回"创建：五轴限制线加工"对话框。

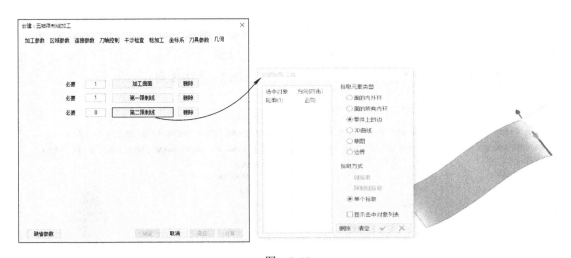

图　5-19

需要设定的参数如下：

1）加工参数：加工方式"往复"；优先策略"行优先"；加工顺序"标准"；余量和精度→加工余量"0"，加工精度"0.01"；行距"5"，如图 5-20 所示。

2）区域参数：区域类型→类型"填满区域，刀路起始及结束于边界上"，其他默认缺省值即可，如图 5-21 所示。

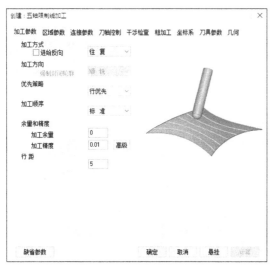
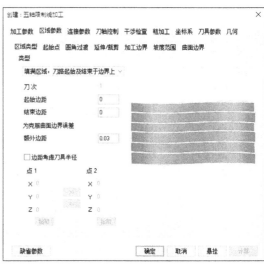

图 5-20   图 5-21

3）连接参数：如图 5-22 所示。

①起始/结束段：接近方式→勾选"加切入"，返回方式→勾选"加切出"。

②行间连接：小行距连接方式"沿曲面连接"，其他默认缺省值即可。

③空切区域：区域类型"平面"；平面参数→平面法矢量平行于"Z轴"，安全高度"用户定义""50"。

④切入参数：选项"垂直相切圆弧"；刀轴方向"固定"；参数→直径/角度→圆心角"90"，弧直径/刀具直径%"100"，高度"0"，进给率%"100"。

⑤切出参数：单击"拷贝切入"，按默认即可（图 5-22 中未展示）。

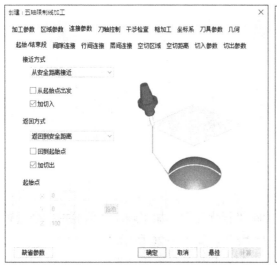

图 5-22

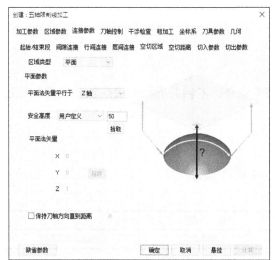
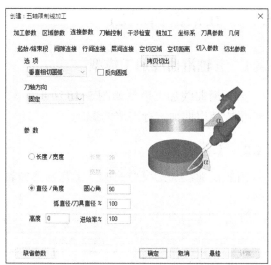

图 5-22（续）

4）刀轴控制：默认即可。

5）干涉检查：默认即可。

6）粗加工：默认即可。

7）坐标系：默认世界坐标系即可。

8）刀具参数：类型"球头铣刀"，刀杆类型"圆柱"，刀具号"2"，单击"DH同值"，刀杆长"35"，刃长"20"，直径"10"，如图 5-23 所示；单击"速度参数"→主轴转速"4500"，慢速下刀速度（F0）"1000"，切入切出连接速度（F1）"1000"，切削速度（F2）"2000"，退刀速度（F3）"3000"。

9）单击"确定"按钮，执行刀具路径运算，刀具路径运算结果如图 5-24 所示。

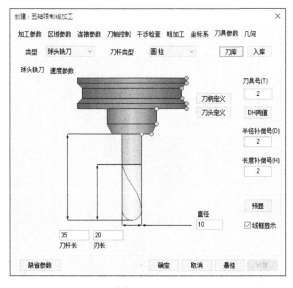

图 5-23

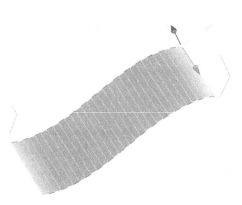

图 5-24

5.4 五轴沿曲线加工

5.4.1 五轴沿曲线加工模型

五轴沿曲线加工模型如图 5-10 所示。本节主要介绍多轴的五轴沿曲线加工命令，在这个例子中使用曲面进行刀路的编制。

5.4.2 工艺方案

五轴沿曲线加工模型的加工工艺方案如表 5-4 所示。

表 5-4

加 工 内 容	加 工 方 式	机 床	刀 具
精加工	五轴沿曲线加工	五轴机床	ϕ10mm 球头铣刀

此类零件装夹比较简单，利用平口钳夹持。

5.4.3 准备加工文件

打开 CAXA 制造工程师 2022 软件，打开 5-4.mcs 文件，精加工曲面。

5.4.4 创建坐标系

用系统自动生成的一个世界坐标系即可。

5.4.5 编程详细操作步骤

步骤：单击"制造"→"多轴"→"五轴沿曲线加工"→弹出"创建：五轴沿曲线加工"对话框→选择"几何"→选择必要"加工曲面"→弹出"面拾取工具"对话框→选择拾取元素类型"面"，拾取图素（注意拾取面的方向）（图 5-25）→单击 ✓，返回"创建：五轴沿曲线加工"对话框。

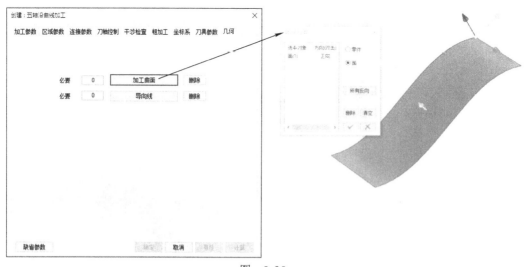

图 5-25

选择必要"导向线"→弹出"轮廓拾取工具"对话框→选择拾取元素类型"零件上的边"，拾取图素（注意拾取面的方向），单击鼠标右键确认拾取（图5-26）→单击 ✓ ，返回"创建：五轴沿曲线加工"对话框。

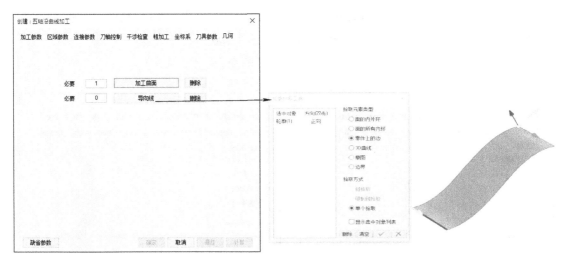

图　5-26

需要设定的参数如下：

1）加工参数：加工方式"往复"；优先策略"行优先"；加工顺序"标准"；余量和精度→加工余量"0"，加工精度"0.01"；行距"5"，如图5-27所示。

2）区域参数：区域类型→类型"填满区域，刀路起始及结束于边界上"，其他默认即可，如图5-28所示。

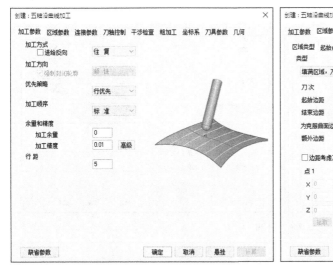

图　5-27

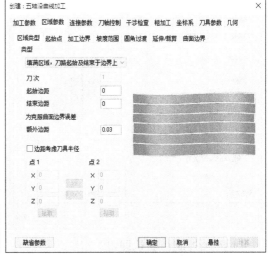

图　5-28

3）连接参数：如图5-29所示。

① 起始/结束段：接近方式→勾选"加切入"，返回方式→勾选"加切出"。

② 行间连接：小行距连接方式"沿曲面连接"，大行距连接方式"沿曲面连接"，其

他默认即可。

③ 空切区域：区域类型"平面"；平面参数→平面法矢量平行于"Z 轴"，安全高度"用户定义""50"。

④ 切入参数：选项"垂直相切圆弧"；刀轴方向"固定"；参数→直径/角度→圆心角"90"，弧直径/刀具直径%"100"，高度"0"，进给率%"100"。

⑤ 切出参数：单击"拷贝切入"按默认即可（图 5-29 中未展示）。

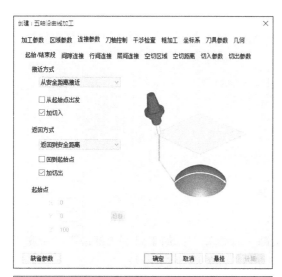

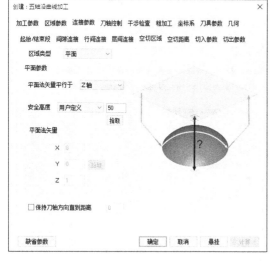
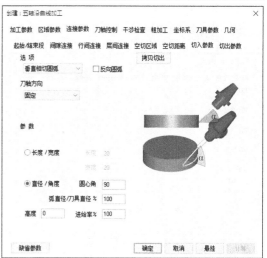

图 5-29

4）刀轴控制：默认即可。

5）干涉检查：默认即可。

6）粗加工：默认即可。

7）坐标系：默认世界坐标系即可。

8）刀具参数：类型"球头铣刀"，刀杆类型"圆柱"，刀具号"2"，单击"DH 同值"，刀杆长"35"，刃长"20"，直径"10"，如图 5-30 所示；单击"速度参数"→主轴转速"4500"，慢速下刀速度（F0）"1000"，切入切出连接速度（F1）"1000"，切削速度（F2）"2000"，退刀速度（F3）"3000"。

9）单击"确定"按钮，执行刀具路径运算，刀具路径运算结果如图 5-31 所示。

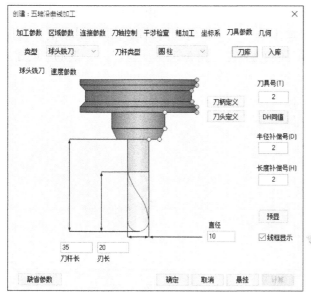

图 5-30

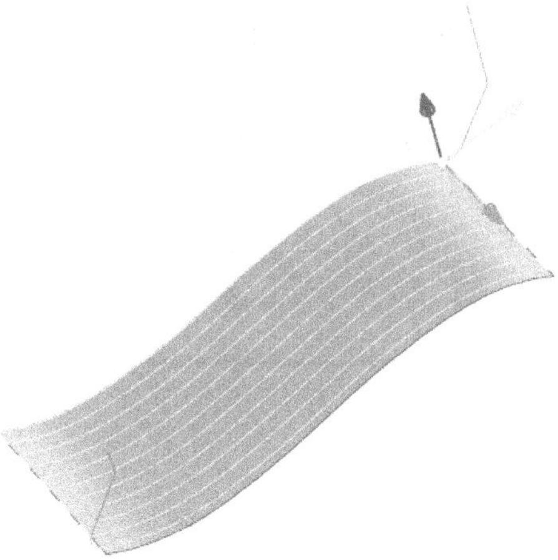

图 5-31

5.5 五轴平行线加工

5.5.1 五轴平行线加工模型

五轴平行线加工模型如图 5-32 所示。本节主要介绍多轴的五轴平行线加工命令，在这个例子中使用曲面进行刀路的编制。

5.5.2 工艺方案

五轴平行线加工模型的加工工艺方案如表 5-5 所示。

图 5-32

表 5-5

加 工 内 容	加 工 方 式	机　　床	刀　　具
精加工	五轴平行线加工	五轴机床	ϕ10mm 球头铣刀

此类零件装夹比较简单，利用平口钳夹持。

5.5.3 准备加工文件

打开 CAXA 制造工程师 2022 软件，打开 5-5.mcs 文件，精加工曲面。

5.5.4 创建坐标系

用系统自动生成的一个世界坐标系即可。

5.5.5 编程详细操作步骤

步骤：单击"制造"→"多轴"→"五轴平行线加工"→弹出"创建：五轴平行线加工"对话框→选择"几何"→选择必要"加工曲面"→弹出"面拾取工具"对话框→选择拾取元素类型"面"，拾取图素（注意拾取面的方向）（图5-33）→单击✓，返回"创建：五轴平行线加工"对话框。

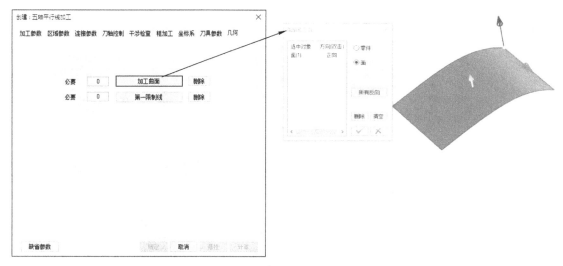

图 5-33

选择必要"第一限制线"→弹出"轮廓拾取工具"对话框→选择拾取元素类型"零件上的边"，拾取图素（注意拾取面的方向），单击鼠标右键结束拾取（图5-34）→单击✓，返回"创建：五轴平行加工"对话框。

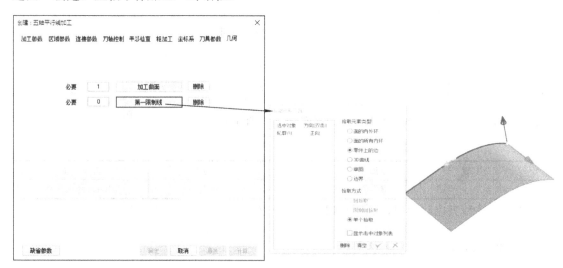

图 5-34

需要设定的参数如下：

1）加工参数：加工方式"往复"；优先策略"行优先"；加工顺序"标准"；余量和精度→加工余量"0"，加工精度"0.01"；行距"5"，如图 5-35 所示。

2）区域参数：区域类型→类型"填满区域，刀路起始及结束于边界上"，其他默认即可，如图 5-36 所示。

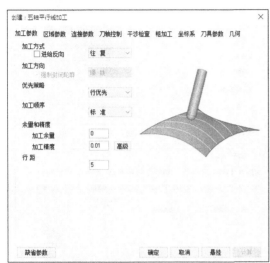

图　5-35

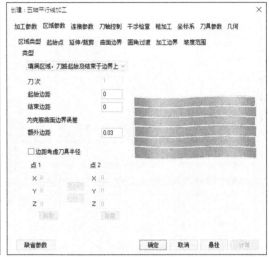

图　5-36

3）连接参数：如图 5-37 所示。

① 起始 / 结束段：接近方式→勾选"加切入"，返回方式→勾选"加切出"。

② 行间连接：小行距连接方式"沿曲面连接"，大行距连接方式"沿曲面连接"，其他默认即可。

③ 空切区域：区域类型"平面"；平面参数→平面法矢量平行于"Z 轴"，安全高度"用户定义""50"。

④ 切入参数：选项"垂直相切圆弧"；刀轴方向"固定"；参数→直径 / 角度→圆心角"90"，弧直径 / 刀具直径 %"100"，高度"0"，进给率 %"100"。

⑤ 切出参数：单击"拷贝切入"，按默认即可（图 5-37 未显示）。

4）刀轴控制：默认即可。

5）干涉检查：默认即可。

6）粗加工：默认即可。

7）坐标系：默认世界坐标系即可。

8）刀具参数：类型"球头铣刀"，刀杆类型"圆柱"，刀具号"2"，单击"DH 同值"，刀杆长"35"，刃长"20"，直径"10"，如图 5-38 所示；单击"速度参数"→主轴转速"4500"，慢速下刀速度（F0）"1000"，切入切出连接速度（F1）"1000"，切削速度（F2）"2000"，退刀速度（F3）"3000"。

9）单击"确定"按钮，执行刀具路径运算，刀具路径运算结果如图 5-39 所示。

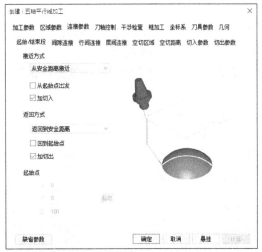

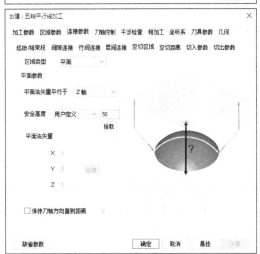

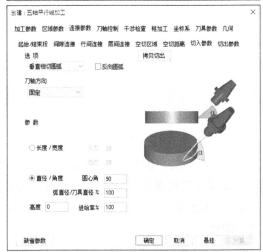

图　5-37

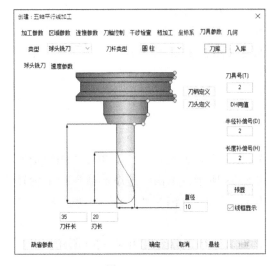

图　5-38

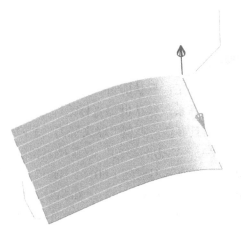

图　5-39

5.6 五轴曲线投影加工

5.6.1 五轴曲线投影加工模型

五轴曲线投影加工模型如图 5-40 所示。本节主要介绍多轴的五轴曲线投影加工命令，在这个例子中使用曲面和曲线进行刀路的编制。

5.6.2 工艺方案

五轴曲线投影加工模型的加工工艺方案如表 5-6 所示。

图　5-40

表　5-6

加 工 内 容	加 工 方 式	机　床	刀　具
精加工	五轴曲线投影加工	五轴机床	ϕ10mm 球头铣刀

此类零件装夹比较简单，利用平口钳夹持。

5.6.3 准备加工文件

打开 CAXA 制造工程师 2022 软件，打开 5-6.mcs 文件，进行五轴曲线投影加工。

5.6.4 创建坐标系

用系统自动生成的一个世界坐标系即可。

5.6.5 编程详细操作步骤

步骤: 单击"制造"→"多轴"→"五轴曲线投影加工"→弹出"创建:五轴曲线投影加工"对话框，单击"加工参数"→曲线类型"自定义曲线"，选择"几何"→选择必要"加工曲面"→弹出"面拾取工具"对话框→选择拾取元素类型"面"，拾取图素（注意拾取面的方向）（图 5-41）→单击 ，返回"创建:五轴曲线投影加工"对话框。

选择必要"自定义曲线"→弹出"轮廓拾取工具"对话框→选择拾取元素类型"3D 曲线"，拾取方式"单个拾取"，拾取图素（注意拾取面的方向），单击鼠标右键结束拾取（图 5-42）→单击 ，返回"创建:五轴曲线投影加工"对话框。

需要设定的参数如下:

1）加工参数:加工方式"单向"；加工方向"顺铣"；加工侧"居中"；余量和精度→加工余量"0"，加工精度"0.01"，如图 5-43 所示。

2）区域参数:默认即可，如图 5-44 所示。

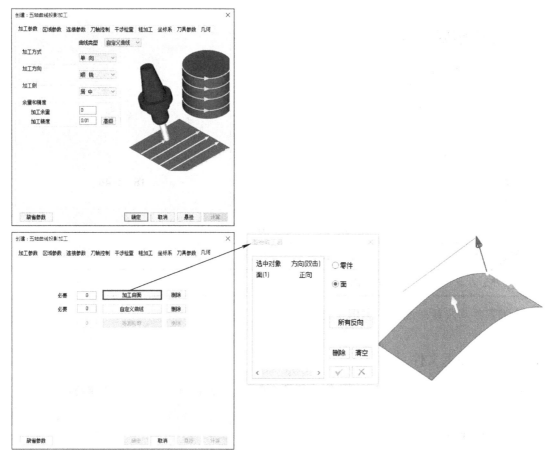

图 5-41

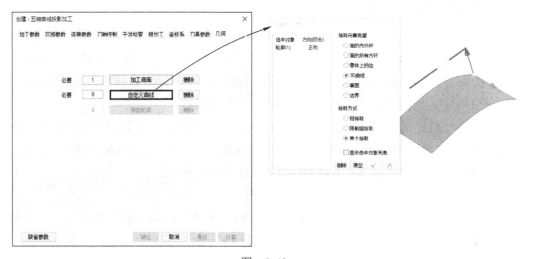

图 5-42

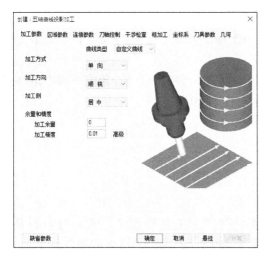

图　5-43　　　　　　　　　　图　5-44

3）连接参数：如图 5-45 所示。

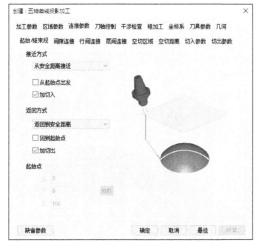

图　5-45

① 起始 / 结束段：接近方式→勾选"加切入"，返回方式→勾选"加切出"。

② 空切区域：区域类型"平面"；平面参数→平面法矢量平行于"Z 轴"，安全高度"用户定义""50"。

③ 切入参数：选项"垂直相切圆弧"；刀轴方向"固定"；参数→直径/角度→圆心角"90"，弧直径/刀具直径%"100"，高度"0"，进给率%"100"。

④ 切出参数：单击"拷贝切入"，按默认即可。

4）刀轴控制：默认即可。

5）干涉检查：默认即可。

6）粗加工：默认即可。

7）坐标系：默认世界坐标系即可。

8）刀具参数：类型"球头铣刀"，刀杆类型"圆柱"，刀具号"2"，单击"DH 同值"，刀杆长"35"，刃长"20"，直径"10"，如图 5-46 所示；单击"速度参数"→主轴转速"4500"，慢速下刀速度（F0）"1000"，切入切出连接速度（F1）"1000"，切削速度（F2）"2000"，退刀速度（F3）"3000"。

9）单击"确定"按钮，执行刀具路径运算，刀具路径运算结果如图 5-47 所示。

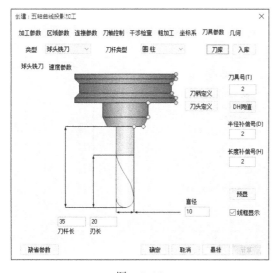

图 5-46

图 5-47

5.7 五轴侧铣加工

5.7.1 五轴侧铣加工模型

五轴侧铣加工模型如图 5-48 所示。本节主要介绍多轴的五轴侧铣加工命令，在这个例子中使用曲线和点进行刀路的编制。

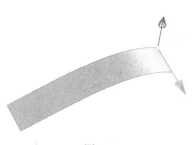

图 5-48

5.7.2 工艺方案

五轴侧铣加工模型的加工工艺方案如表 5-7 所示。

表 5-7

加 工 内 容	加 工 方 式	机 床	刀 具
精加工	五轴侧铣加工	五轴机床	ϕ10mm 立铣刀

此类零件装夹比较简单，利用平口钳夹持。

5.7.3 准备加工文件

打开 CAXA 制造工程师 2022 软件，打开 5-7.mcs 文件，利用五轴侧铣加工精加工曲面。

5.7.4 创建坐标系

用系统自动生成的一个世界坐标系即可。

5.7.5 编程详细操作步骤

步骤：单击"制造"→"多轴"→"五轴侧铣加工"→弹出"创建：五轴侧铣加工"对话框，选择"几何"→选择必要"第一条曲线"→弹出"轮廓拾取工具"对话框→选择拾取元素类型"零件上的边"，拾取图素（注意拾取面的方向）→单击鼠标右键确认拾取（图 5-49）→单击 ，返回"创建：五轴侧铣加工"对话框。

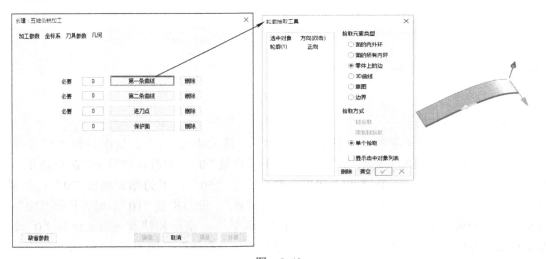

图 5-49

选择必要"第二条曲线"→弹出"轮廓拾取工具"对话框→选择拾取元素类型"零件上的边"，拾取图素（注意拾取面的方向）→单击鼠标右键确认拾取（图 5-50）→单击 ，返回"创建：五轴侧铣加工"对话框。

选择必要"进刀点"→弹出"点拾取工具"对话框→选择拾取"点"，拾取图素（注意拾取面的方向）（图 5-51）→单击 ，返回"创建：五轴侧铣加工"对话框。

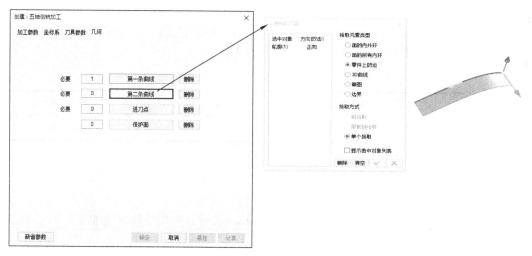

图　5-50

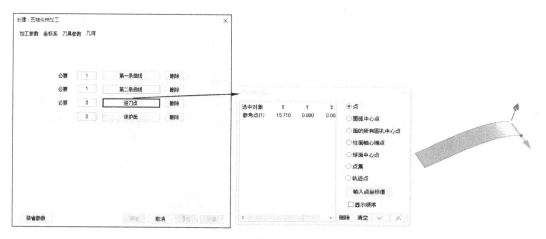

图　5-51

需要设定的参数如下：

1）加工参数：加工参数→刀具前倾角"0"，最大步长"1"，切削行数"1"，刀具角度"0"，相邻刀轴最大夹角"5"，保护面干涉余量"0"；刀具角度修正"起点修正"，修正点数"0"；高度→起止高度"50"，安全高度"50"，下刀相对高度"0"；扩展方式→分别勾选"层间抬刀""进刀扩展""退刀扩展"，进刀扩展"10"，退刀扩展"10"；偏置方式"刀轴偏置"；C轴初始转动方向"顺时针"；余量和精度→加工余量"0"，加工精度"0.01"；加工侧→加工面位于进刀方向的"右侧"，如图5-52所示。

2）坐标系：默认世界坐标系即可。

3）刀具参数：类型"立铣刀"，刀杆类型"圆柱"，刀具号"1"，单击"DH同值"，刀杆长"35"，刃长"25"，直径"10"，如图5-53所示；单击"速度参数"→主轴转速"4500"，慢速下刀速度（F0）"1000"，切入切出连接速度（F1）"1000"，切削速度（F2）"2000"，退刀速度（F3）"3000"。

4）单击"确定"按钮，执行刀具路径运算，刀具路径运算结果如图5-54所示。

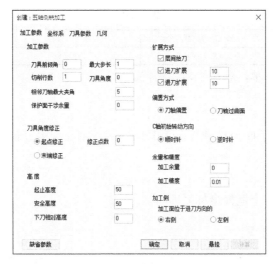

图　5-52

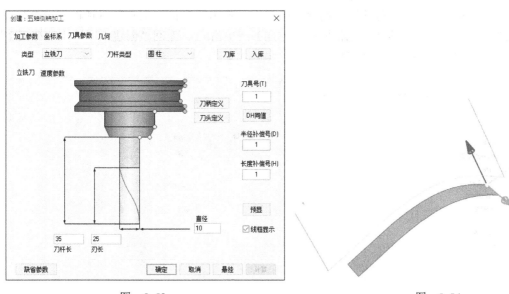

图　5-53   图　5-54

5.8　五轴侧铣加工 2

5.8.1　五轴侧铣加工 2 模型

五轴侧铣加工 2 模型如图 5-48 所示。本节主要介绍多轴的五轴侧铣加工 2 命令，在这个例子中使用曲面进行刀路的编制。

5.8.2　工艺方案

五轴侧铣加工 2 模型的加工工艺方案如表 5-8 所示。

表 5-8

加 工 内 容	加 工 方 式	机 床	刀 具
精加工	五轴侧铣加工 2	五轴机床	ϕ10mm 立铣刀

此类零件装夹比较简单，利用平口钳夹持。

5.8.3 准备加工文件

打开 CAXA 制造工程师 2022 软件，打开 5-8.mcs 文件，利用五轴侧铣加工 2 精加工曲面。

5.8.4 创建坐标系

用系统自动生成的一个世界坐标系即可。

5.8.5 编程详细操作步骤

步骤： 单击"制造"→"多轴"→"五轴侧铣加工 2"→弹出"创建：五轴侧铣加工 2"对话框，设定如下参数：

1）加工参数：策略"自动"，选择"侧面"→弹出"面拾取工具"对话框→选择拾取元素类型"面"，拾取图素（注意拾取面的方向）→单击 ，返回"创建：五轴侧铣加工 2"对话框；其他默认即可，如图 5-55 所示。

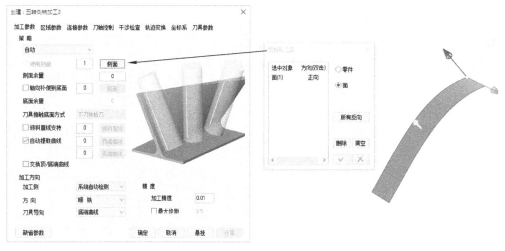

图 5-55

2）区域参数：分行 / 分层→分行（沿曲面方向）→分行方法"按照行距"，行距"5"，行变方式"逐渐变形"，行移方向"沿刀具轴线方向"，刀具轴移"每行固定移动距离"；分层（垂直曲面方向）→层数"1"；加工方式"单向"，如图 5-56 所示。

3）连接参数：如图 5-57 所示。

① 起始 / 结束段：接近方式→勾选"加切入"，返回方式→勾选"加切出"。

② 行间连接：小行间切入切出"切入 / 切出"，大行间连接方式"光滑连接"，大行间切入切出"切入 / 切出"。

③ 空切区域：区域类型"平面"；平面参数→平面法矢量平行于"Z 轴"，安全高度"用户定义""50"。

④ 切入参数：选项"相切圆弧"；刀轴方向"固定"；参数→直径 / 角度→圆心角"90"，弧直径 / 刀具直径 %"200"，高度"0"，进给率 %"100"。

⑤ 切出参数：单击"拷贝切入"，按默认即可（图 5-57 未展示）。

4）刀轴控制：默认即可。

5）干涉检查：默认即可。

6）轨迹变换：默认即可。

7）坐标系：默认世界坐标系即可。

8）刀具参数：类型"立铣刀"，刀杆类型"圆柱"，刀具号"1"，单击"DH 同值"，刀杆长"35"，刃长"25"，直径"10"，如图 5-58 所示；单击"速度参数"→主轴转速"4500"，慢速下刀速度（F0）"1000"，切入切出连接速度（F1）"1000"，切削速度（F2）"2000"，退刀速度（F3）"3000"。

9）单击"确定"按钮，执行刀具路径运算，刀具路径运算结果如图 5-59 所示。

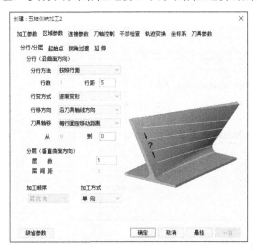

图　5-56

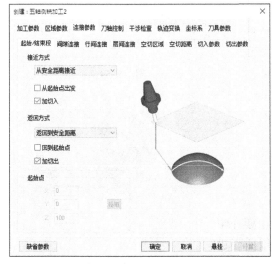

图　5-57

125

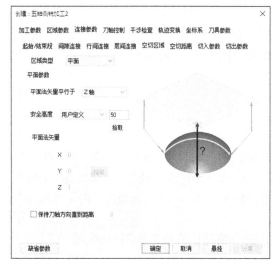

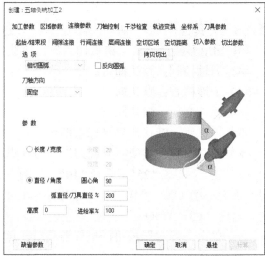

图 5-57（续）

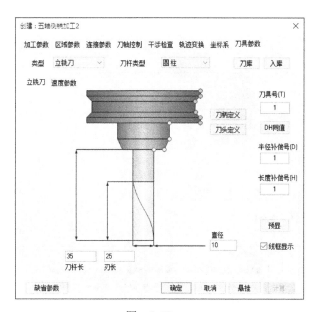

图 5-58

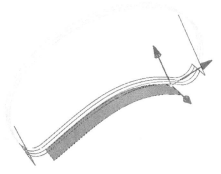

图 5-59

5.9 五轴限制面加工

5.9.1 五轴限制面加工模型

五轴限制面加工模型如图 5-60 所示。本节主要介绍多轴的五轴限制面加工命令，在这个例子中使用曲面进行刀路的编制。

图 5-60

5.9.2　工艺方案

五轴限制面加工模型的加工工艺方案如表 5-9 所示。

表　5-9

加 工 内 容	加 工 方 式	机　　床	刀　　具
精加工底面	五轴限制面加工	五轴机床	ϕ10mm 立铣刀

此类零件装夹比较简单，利用平口钳夹持。

5.9.3　准备加工文件

打开 CAXA 制造工程师 2022 软件，打开 5-9.mcs 文件，用五轴限制面加工策略精加工底面。

5.9.4　创建坐标系

用系统自动生成的一个世界坐标系即可。

5.9.5　编程详细操作步骤

步骤：单击"制造"→"多轴"→"五轴限制面加工"→弹出"创建：五轴限制面加工"对话框→选择"几何"→选择必要"加工曲面"→弹出"面拾取工具"对话框→选择拾取元素类型"面"，拾取图素（注意拾取面的方向）（图 5-61）→单击 ，返回"创建：五轴限制面加工"对话框。

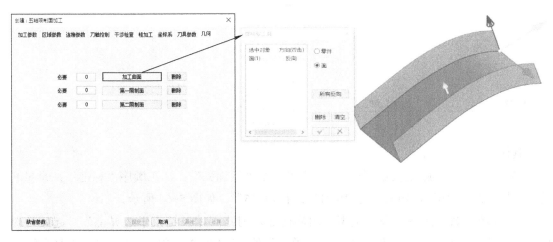

图　5-61

选择必要"第一限制面"→弹出"面拾取工具"对话框→选择拾取元素类型"面"，拾取图素（注意拾取面的方向）（图 5-62）→单击 ，返回"创建：五轴限制面加工"对话框。

选择必要"第二限制面"→弹出"面拾取工具"对话框→选择拾取元素类型"面"，拾取图素（注意拾取面的方向）（图 5-63）→单击 ✓，返回"创建：五轴限制面加工"对话框。

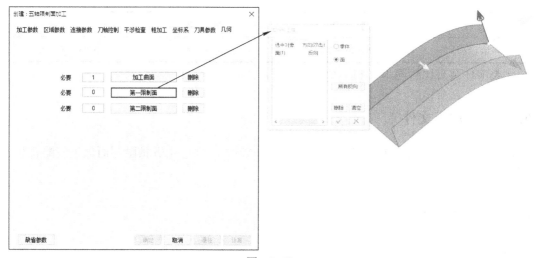

图 5-62

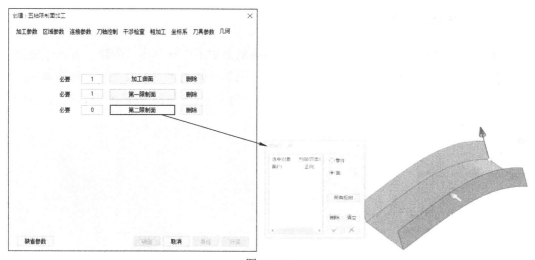

图 5-63

具体参数设置如下：

1）加工参数：加工方式"往复"；优先策略"行优先"；加工顺序"标准"；余量和精度→加工余量"0"，加工精度"0.01"；行距"5"，如图 5-64 所示。

2）区域参数：区域类型→类型"填满区域，刀路起始及结束于边界上"，起始边距"0.3"，结束边距"0.3"；为克服曲面边界误差→额外边距"0.03"；勾选"边距考虑刀具半径"。延伸／裁剪→勾选"使用"，始端→刀具直径的百分比"100"；终端→刀具直径的百分比"100"；勾选"延长＼裁剪间隙"。如图 5-65 所示。

3）连接参数：空切区域→区域类型"平面"；平面参数→平面法矢量平行于"Z 轴"，

安全高度"用户定义""50"；其他默认即可，如图 5-66 所示。

4）刀轴控制：默认即可。

5）干涉检查：检查（1）→取消勾选"使用"即可，如图 5-67 所示。

6）粗加工：默认即可。

7）坐标系：默认世界坐标系即可。

8）刀具参数：类型"立铣刀"，刀杆类型"圆柱"，刀具号"1"，单击"DH 同值"，刀杆长"35"，刃长"25"，直径"10"，如图 5-68 所示；单击"速度参数"→主轴转速"4500"，慢速下刀速度（F0）"1000"，切入切出连接速度（F1）"1000"，切削速度（F2）"2000"，退刀速度（F3）"3000"。

9）单击"确定"按钮，执行刀具路径运算，刀具路径运算结果如图 5-69 所示。

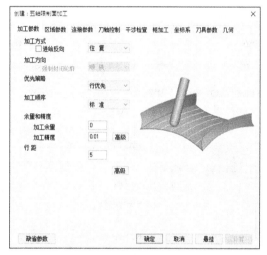

图　5-64

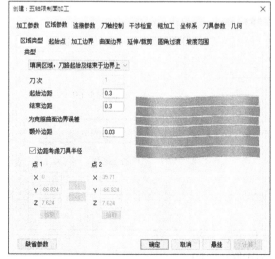

图　5-65

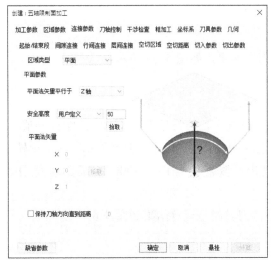

图 5-66

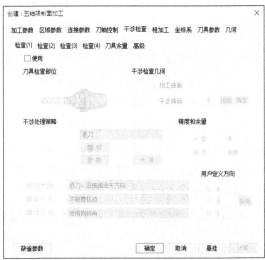

图 5-67

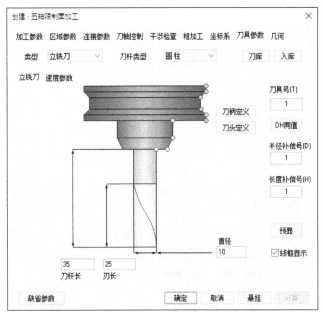

图 5-68

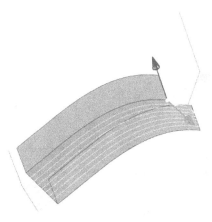

图 5-69

5.10 五轴参数线加工 1

5.10.1 五轴参数线加工 1 模型

五轴参数线加工 1 模型如图 5-70 所示。本节主要介绍
多轴的五轴参数线加工 1 命令，在这个例子中使用曲面进行
刀路的编制。

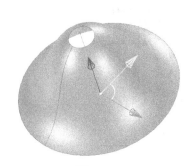

图 5-70

5.10.2　工艺方案

五轴参数线加工 1 模型的加工工艺方案如表 5-10 所示。

表　5-10

加 工 内 容	加 工 方 式	机　床	刀　具
精加工曲面	五轴参数线加工 1	五轴机床	ϕ10mm 球头铣刀

此类零件装夹比较简单，利用自定心卡盘夹持。

5.10.3　准备加工文件

打开 CAXA 制造工程师 2022 软件，打开 5-10.mcs 文件，用五轴参数线加工 1 策略精加工曲面。

5.10.4　创建坐标系

用系统自行生成一个世界坐标系即可。

5.10.5　编程详细操作步骤

步骤：单击"制造"→"多轴"→"五轴参数线加工 1"→弹出"创建：五轴参数线加工 1"对话框→选择"几何"→选择必要"加工曲面"→弹出"面拾取工具"对话框→选择拾取元素类型"面"，拾取图素（注意拾取面的方向）（图 5-71）→单击 ，返回"创建：五轴限制面加工 1"对话框。

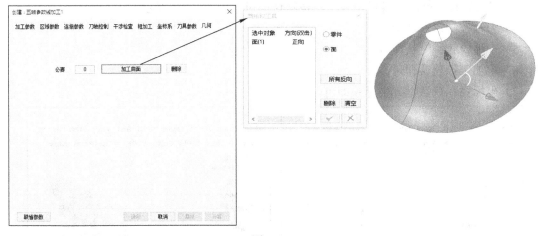

图　5-71

具体参数设置如下：

1）加工参数：走刀方向"方向二"；加工方式"往复"；加工顺序"标准"；优先策略"行优先"；余量和精度→加工余量"0"，加工精度"0.01"；行距"5"，如图 5-72 所示。

2）区域参数：区域类型→类型"填满区域，刀路起始及结束于边界上"，起始边距"0"，结束边距"0"；为克服曲面边界误差→额外边距"0.03"，如图 5-73 所示。

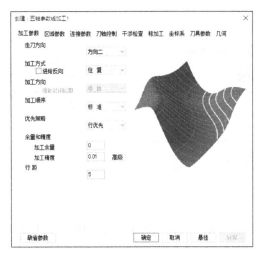
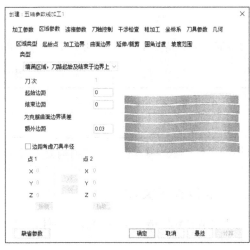

图 5-72 图 5-73

3）连接参数：如图 5-74 所示。

① 起始 / 结束段：接近方式→勾选"加切入"，返回方式→勾选"加切出"。

② 行间连接：小行间连接方式"沿曲面连接"；小行间切入切出"没有"，大行间连接方式"沿曲面连接"，大行间切入切出"没有"。

③ 空切区域：区域类型"平面"；平面参数→平面法矢量平行于"Z 轴"，安全高度"用户定义""100"。

④ 切入参数：选项"垂直相切圆弧"；刀轴方向"固定"；参数→直径 / 角度→圆心角"90"，弧直径 / 刀具直径 %"200"，高度"0"，进给率 %"100"。

⑤ 切出参数：单击"拷贝切入"，按默认即可（图 5-74 未展示）。

4）刀轴控制：默认即可。

5）干涉检查：默认即可。

6）粗加工：默认即可。

7）坐标系：默认世界坐标系即可。

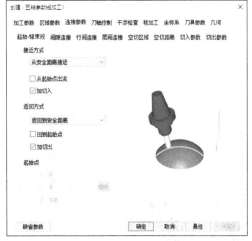

图 5-74

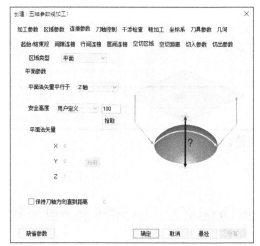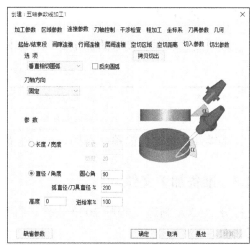

图 5-74（续）

8）刀具参数：类型"球头铣刀"，刀杆类型"圆柱"，刀具号"2"，单击"DH 同值"，刀杆长"35"，刃长"20"，直径"10"，如图 5-75 所示；单击"速度参数"→主轴转速"4500"，慢速下刀速度（F0）"1000"，切入切出连接速度（F1）"1000"，切削速度（F2）"2000"，退刀速度（F3）"3000"。

9）单击"确定"按钮，执行刀具路径运算，刀具路径运算结果如图 5-76 所示。

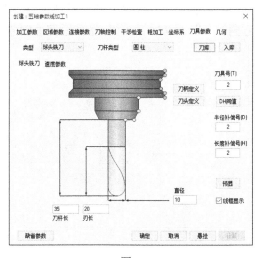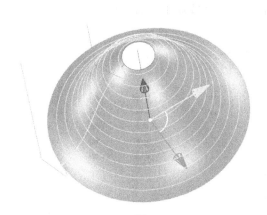

图 5-75　　　　　　　　　　　　　　　　　图 5-76

5.11　五轴曲面区域加工

5.11.1　五轴曲面区域加工模型

五轴曲面区域加工模型如图 5-70 所示。本节主要介绍多轴的五轴曲面区域加工命令，在这个例子中使用曲面进行刀路的编制。

5.11.2　工艺方案

五轴曲面区域加工模型的加工工艺方案如表 5-11 所示。

表　5-11

加 工 内 容	加 工 方 式	机　床	刀　具
精加工曲面	五轴曲面区域加工	五轴机床	ϕ10mm 球头铣刀

此类零件装夹比较简单，利用自定心卡盘夹持。

5.11.3　准备加工文件

打开 CAXA 制造工程师 2022 软件，打开 5-11.mcs 文件，用五轴曲面区域加工策略精加工曲面。

5.11.4　创建坐标系

用系统自动生成的一个世界坐标系即可。

5.11.5　编程详细操作步骤

步骤：单击"制造"→"多轴"→"五轴曲面区域加工"→"创建：五轴曲面区域加工"对话框→选择"几何"→选择必要"加工曲面"→弹出"面拾取工具"对话框→选择拾取元素类型"面"，拾取图素（注意拾取面的方向）（图 5-77）→单击，返回"创建：五轴曲面区域加工"对话框。

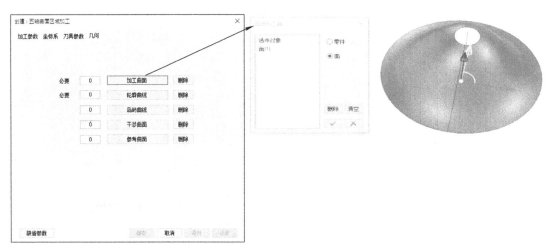

图　5-77

选择必要"轮廓曲线"→弹出"轮廓拾取工具"对话框→选择拾取元素类型"零件上的边"，拾取图素（注意拾取面的方向）（图 5-78）→单击，返回"创建：五轴曲面区域加工"对话框。

选择必要"岛屿曲线"→弹出"轮廓拾取工具"对话框→选择拾取元素类型"零件上

的边"，拾取图素（注意拾取面的方向）（图 5-79）→单击 ，返回"创建：五轴曲面
区域加工"对话框。

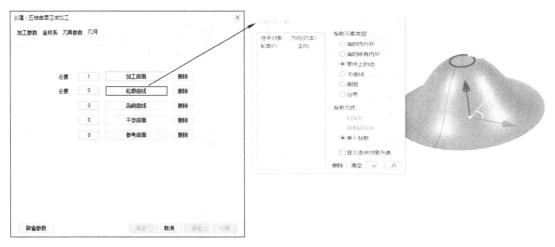

图　5-78

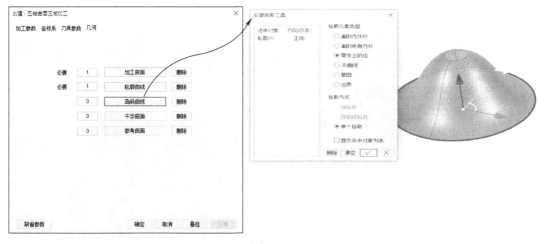

图　5-79

具体参数设置如下：

1）加工参数：走刀方向→环切加工"从外向里"，行距"1"；拐角过渡方式"圆弧"；
余量和精度→加工余量"0"，加工精度"0.01"，轮廓余量"0"，轮廓精度"0.01"，岛
余量"0"，干涉余量"0.01"；轮廓补偿"ON"；轮廓清根"不清根"；岛补偿"ON"；
岛清根"不清根"；高度参数→起止高度"120"，安全高度"100"，下刀相对高度"15"，
如图 5-80 所示。

2）坐标系：默认世界坐标系即可。

3）刀具参数：类型"球头铣刀"，刀杆类型"圆柱"，刀具号"2"，单击"DH 同值"，
刀杆长"35"，刃长"20"，直径"10"，如图 5-81 所示；单击"速度参数"→主轴转速
"4500"，慢速下刀速度（F0）"1000"，切入切出连接速度（F1）"1000"，切削速度（F2）
"2000"，退刀速度（F3）"3000"。

4）单击"确定"按钮，执行刀具路径运算，刀具路径运算结果如图 5-82 所示。

图 5-80

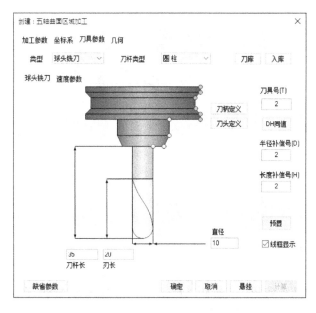

图 5-81

图 5-82

5.12　单线体刻字加工

5.12.1　单线体刻字加工模型

单线体刻字加工模型如图 5-83 所示。本节主要介绍多轴的单线体刻字加工命令，在这个例子中使用曲面和轮廓线进行刀路的编制。

图 5-83

5.12.2　工艺方案

单线体刻字加工模型的加工工艺方案如表 5-12 所示。

表　5-12

加工内容	加工方式	机　床	刀　具
曲面上刻字	单线体刻字加工	五轴机床	ϕ1mm 球头铣刀

此类零件装夹比较简单，利用平口钳夹持。

5.12.3　准备加工文件

打开 CAXA 制造工程师 2022 软件，打开 5-12.mcs 文件，用单线体刻字加工策略在曲面上刻字。

5.12.4　创建坐标系

用系统自动生成的一个世界坐标系即可。

5.12.5　编程详细操作步骤

步骤：单击"制造"→"多轴"→"单线体刻字加工"→弹出"创建：单线体刻字加工"对话框→选择"几何"→选择必要"加工曲面"→弹出"面拾取工具"对话框→选择拾取元素类型"面"，拾取图素（注意拾取面的方向）（图 5-84）→单击 ✓ ，返回"创建：单线体刻字加工"对话框。

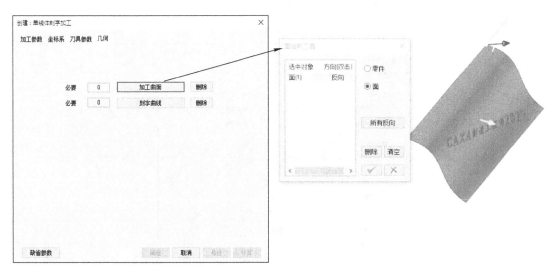

图　5-84

选择必要"刻字曲线"→弹出"曲线拾取工具"对话框→选择拾取元素类型"3D 曲线"，

框选图素（图 5-85）→单击 ✓ ，返回"创建：单线体刻字加工"对话框。

具体参数设置如下：

1）加工参数：加工顺序"深度优先"；走刀方向"单向"，刀轴控制"曲面法矢"；排序方向"沿 Z 轴"；加工精度"0.1"，最大步长"5"，加工深度"0.1"，进刀量"5"，起止高度"60"，安全高度"50"，回退距离"20"，如图 5-86 所示。

2）坐标系：默认世界坐标系即可。

3）刀具参数：类型"球头铣刀"，刀杆类型"圆柱"，刀具号"7"，单击"DH 同值"，刀杆长"10"，刃长"5"，直径"1"，如图 5-87 所示；单击"速度参数"→主轴转速"6000"，慢速下刀速度（F0）"1000"，切入切出连接速度（F1）"500"，切削速度（F2）"500"，退刀速度（F3）"3000"。

4）单击"确定"按钮，执行刀具路径运算，刀具路径运算结果如图 5-88 所示。

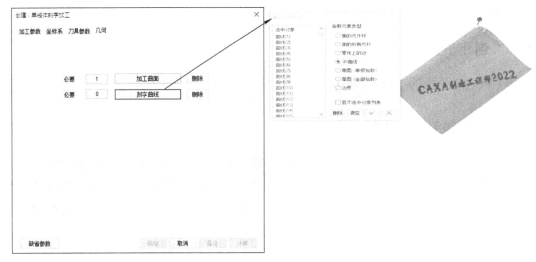

图 5-85

图 5-86

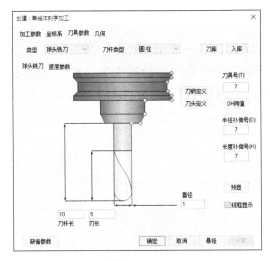

图 5-87

图 5-88

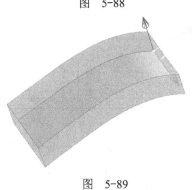

图 5-89

5.13 型腔区域粗加工

5.13.1 型腔区域粗加工模型

型腔区域粗加工模型如图 5-89 所示。本节主要介绍多轴的型腔区域粗加工命令，在这个例子中使用曲面进行刀路的编制。

5.13.2 工艺方案

型腔区域粗加工模型的加工工艺方案如表 5-13 所示。

表 5-13

加 工 内 容	加 工 方 式	机　床	刀　具
粗加工	型腔区域粗加工	五轴机床	ϕ10mm 立铣刀

此类零件装夹比较简单，利用平口钳夹持。

5.13.3 准备加工文件

打开 CAXA 制造工程师 2022 软件，打开 5-13.mcs 文件，用型腔区域粗加工策略进行模型的粗加工。

5.13.4 创建坐标系

用系统自动生成的一个世界坐标系即可。

5.13.5 编程详细操作步骤

步骤：单击"制造"→"多轴"→"型腔区域粗加工"→弹出"创建：型腔区域粗加工"对话框→选择"几何"→底面→选择必要"拾取"→弹出"面拾取工具"对话框→选择拾取元素类型"面"，拾取图素（注意拾取面的方向）→单击 ✓ ，返回"创建：型腔区域粗加工"对话框；底面余量"0.3"，如图 5-90 所示。

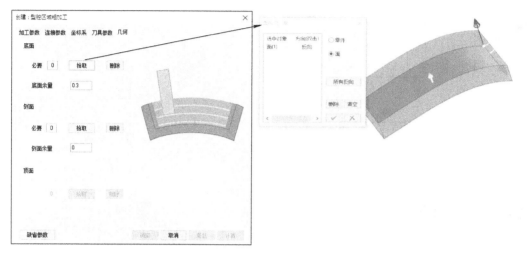

图 5-90

侧面→选择必要（是必须选择的图形）"拾取"→弹出"面拾取工具"对话框→选择拾取元素类型"面"，拾取图素（注意拾取面的方向）→单击 ✓ ，返回"创建：型腔区域粗加工"对话框；侧面余量"0.3"，如图 5-91 所示。

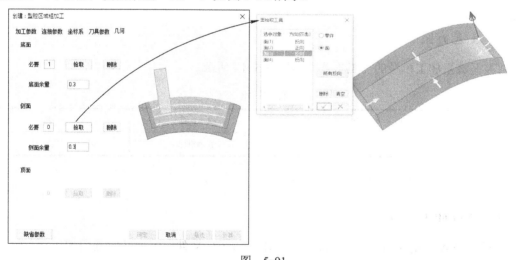

图 5-91

具体参数设置如下：

1）加工参数：模式→策略"按底面偏置"，类型"偏置"；加工方式"往复"；加工方向"顺铣"；优先策略"行优先"；层参数→层高"2"；行距→最大行距"7"；加工精度"0.1"；

中间层切削→勾选"检查加工表面",如图 5-92 所示。

2)连接参数:连接方式→接近 / 返回→勾选"加下刀";组连接→组间→勾选"加下刀";其他默认即可,如图 5-93 所示。

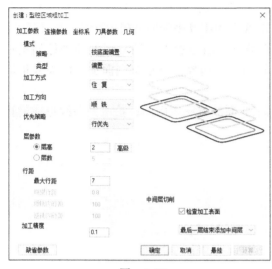

图 5-92

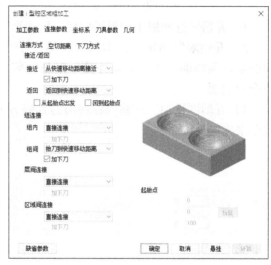

图 5-93

3)坐标系:默认世界坐标系即可。

4)刀具参数:类型"立铣刀",刀杆类型"圆柱",刀具号"1",单击"DH 同值",刀杆长"35",刃长"25",直径"10",如图 5-94 所示;单击"速度参数"→主轴转速"4500",慢速下刀速度(F0)"1000",切入切出连接速度(F1)"1000",切削速度(F2)"2000",退刀速度(F3)"3000"。

5)单击"确定"按钮,执行刀具路径运算,刀具路径运算结果如图 5-95 所示。

图 5-94

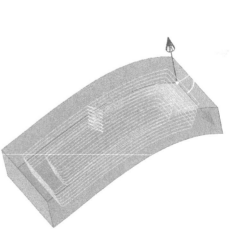

图 5-95

5.14 工程师经验点评

相对于四轴加工功能，五轴加工功能又增加了一个旋转轴，这使得加工任意复杂曲面成为可能。常用的五轴加工功能有五轴平行面加工、五轴限制面加工、五轴侧铣加工等。

1）五轴平行面加工：用于生成每层的轨迹曲线之间相互平行的轨迹。

2）五轴限制面加工：本质上仍然属于平行类五轴曲面加工方法，和五轴平行加工不同的是，限制面加工需要额外拾取限制几何来控制加工边界。五轴限制面加工就需要拾取两个限制面。

3）五轴侧铣加工：是一种使用刀具侧刃加工曲面的方法。由两条拾取的曲线形成的直纹面来确定侧铣面。

第 **6** 章

五轴叶轮加工策略应用讲解

6.1 叶轮粗加工

6.1.1 叶轮粗加工模型

叶轮粗加工模型如图 6-1 所示。本节主要介绍多轴的叶轮粗加工命令，在这个例子中使用叶轮模型进行刀路的编制。

图　6-1

6.1.2 工艺方案

叶轮粗加工模型的加工工艺方案如表 6-1 所示。

表　6-1

加 工 内 容	加 工 方 式	机　床	刀　具
叶轮粗加工	叶轮粗加工	五轴机床	ϕ4mm 锥形铣刀

此类零件装夹比较简单，利用自定心卡盘夹持工装。

6.1.3 准备加工文件

打开 CAXA 制造工程师 2022 软件，打开 6-1.mcs 文件，粗加工叶轮。

6.1.4 创建坐标系

用系统自动生成的一个世界坐标系即可。

6.1.5 编程详细操作步骤

步骤：单击"制造"→"多轴"→"叶轮粗加工"→弹出"创建：叶轮粗加工"对话框→选择"几何"→选择必要"叶槽右叶面"→弹出"面拾取工具"对话框→选择拾取元素类型"面"，拾取图素（注意拾取面的方向）→单击☑️，返回"创建：叶轮粗加工"对话框；选择必要"叶槽左叶面"→弹出"面拾取工具"对话框→选择拾取元素类型

"面",拾取图素(注意拾取面的方向)→单击 ✓,返回"创建:叶轮粗加工"对话框;选择必要"叶轮底面"→弹出"面拾取工具"对话框→选择拾取元素类型"面",拾取图素(注意拾取面的方向)→单击 ✓,返回"创建:叶轮粗加工"对话框,如图6-2所示。

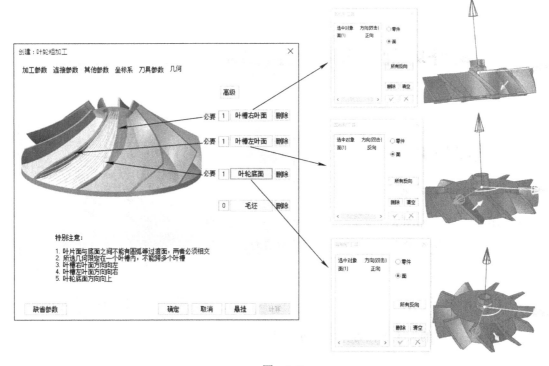

图 6-2

需要设定的参数如下:

1)加工参数:加工方式"往复";加工顺序"标准";余量和精度→加工余量"0.5",加工精度"0.1";行距"2";侧面余量"0.2";刀轴参数→前倾角"0",侧倾角"0",最大角步距"3",如图6-3所示。

2)连接参数:如图6-4所示。

① 起始/结束段:接近方式→勾选"加切入",返回方式→勾选"加切出"。

② 行间连接:小行间切入切出"切入/切出";大行间切入切出"切入/切出"。

③ 层间连接:小层高切入切出"切入/切出";大层高切入切出"切入/切出"。

④ 空切区域:区域类型"圆柱面";

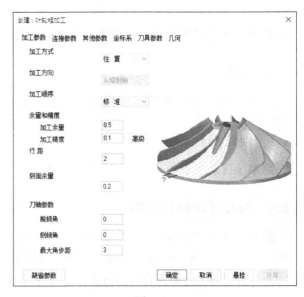

图 6-3

圆柱面参数→轴线平行于"Z 轴"，半径"用户定义""30"。

⑤切入参数：选项"相切直线"；刀轴方向"固定"；参数→倒角半径"0"，长度"3"，高度"0"，进给率%"100"。

⑥切出参数：单击"拷贝切入"，按默认即可。

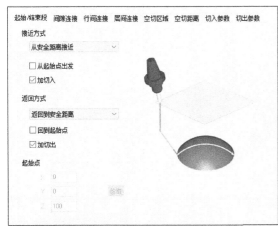
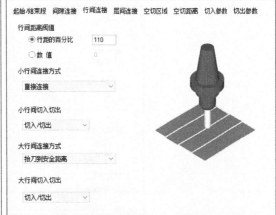
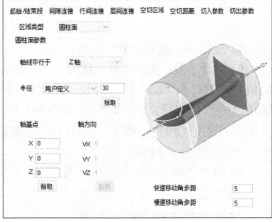
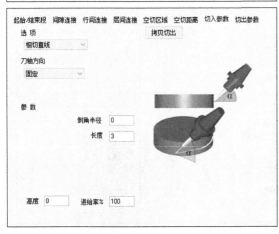

图　6-4

3）其他参数：分层→勾选"使用"；排序规则"按层"；粗加工层参数→层数"8"，间距"1"；精加工层参数→层数"0"，间距"0.1"；分层应用在"整个轨迹"；其他默认即可，如图 6-5 所示。

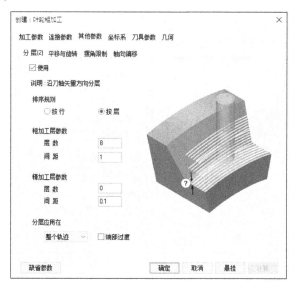

图　6-5

4）坐标系：默认世界坐标系即可。

5）刀具参数：类型"锥形铣刀"，刀杆类型"圆柱＋圆锥"，刀具号"17"，单击"DH同值"，刀杆长"60"，刀肩长"28.9"，刃长"28.9"，直径"4"，圆角半径"0.3"，锥角"0.1"，刀杆直径"4.1"，如图 6-6 所示；单击"速度参数"→主轴转速"4500"，慢速下刀速度（F0）"1000"，切入切出连接速度（F1）"1000"，切削速度（F2）"2000"，退刀速度（F3）"3000"。

6）单击"确定"按钮，执行刀具路径运算，刀具路径运算结果如图 6-7 所示。

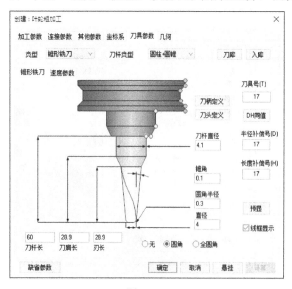

图　6-6

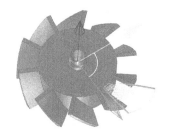

图　6-7

6.2 叶轮精加工

6.2.1 叶轮精加工模型

叶轮精加工模型如图 6-1 所示。本节主要介绍多轴的叶轮精加工命令，在这个例子中使用叶轮模型进行刀路的编制。

6.2.2 工艺方案

叶轮精加工模型的加工工艺方案如表 6-2 所示。

表 6-2

加 工 内 容	加 工 方 式	机 床	刀 具
叶轮精加工	叶轮精加工	五轴机床	ϕ4mm 锥形铣刀

此类零件装夹比较简单，利用自定心卡盘夹持工装。

6.2.3 准备加工文件

打开 CAXA 制造工程师 2022 软件，打开 6-2.mcs 文件，精加工叶轮。

6.2.4 创建坐标系

用系统自动生成的一个世界坐标系即可。

6.2.5 编程详细操作步骤

步骤：单击"制造"→"多轴"→"叶轮精加工"→弹出"创建：叶轮精加工"对话框→选择"几何"→选择必要"叶槽右叶面"→弹出"面拾取工具"对话框→选择拾取元素类型"面"，拾取图素（注意拾取面的方向）→单击 ☑，返回"创建：叶轮精加工"对话框；选择必要"叶槽左叶面"→弹出"面拾取工具"对话框→选择拾取元素类型"面"，拾取图素（注意拾取面的方向）→单击 ☑，返回"创建：叶轮精加工"对话框；选择必要"叶轮底面"→弹出"面拾取工具"对话框→选择拾取元素类型"面"，拾取图素（注意拾取面的方向）→单击 ☑，返回"创建：叶轮精加工"对话框；如图 6-8 所示。

需要设定的参数如下：

1）加工参数：加工方式"往复"；加工顺序"标准"；余量和精度→加工余量"0"，加工精度"0.01"；行距"1"；侧面余量"0.1"；刀轴参数→前倾角"0"，侧倾角"0"，最大角步距"3"，如图 6-9 所示。

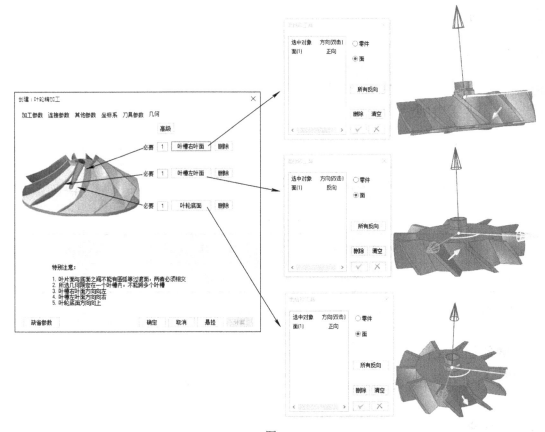

图 6-8

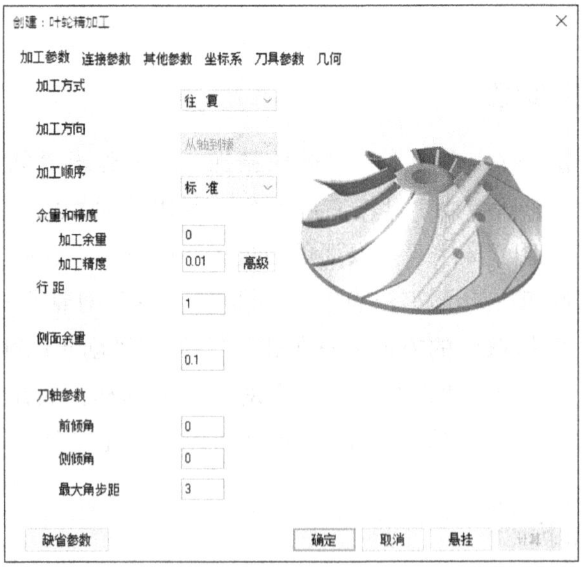

图 6-9

2）连接参数：如图 6-10 所示。

①起始 / 结束段：接近方式→勾选"加切入"，返回方式→勾选"加切出"。

②行间连接：小行间切入切出"切入/切出"；大行间切入切出"切入/切出"。

③空切区域：区域类型"圆柱面"；圆柱面参数→轴线平行于"Z轴"，半径"用户定义""30"。

④切入参数：选项"相切直线"；刀轴方向"固定"；参数→倒角半径"0"，长度"3"，高度"0"，进给率%"100"。

⑤切出参数：单击"拷贝切入"，按默认即可（图6-10未展示）。

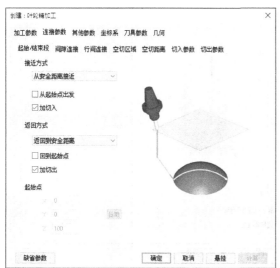

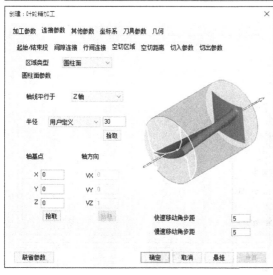

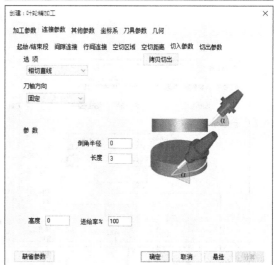

图　6-10

3）其他参数：默认即可，如图6-11所示。

4）坐标系：默认世界坐标系即可。

5）刀具参数：类型"锥形铣刀"，刀杆类型"圆柱+圆锥"，刀具号"17"，单击"DH

同值"，刀杆长"60"，刀肩长"28.9"，刃长"28.9"，直径"4"，圆角半径"0.3"，锥角"0.1"，刀杆直径"4.1"，如图 6-12 所示；单击"速度参数"→主轴转速"4500"，慢速下刀速度（F0）"1000"，切入切出连接速度（F1）"1000"，切削速度（F2）"2000"，退刀速度（F3）"3000"。

6）单击"确定"按钮，执行刀具路径运算，刀具路径运算结果如图 6-13 所示。

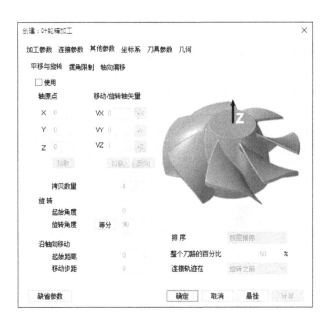

图　6-11

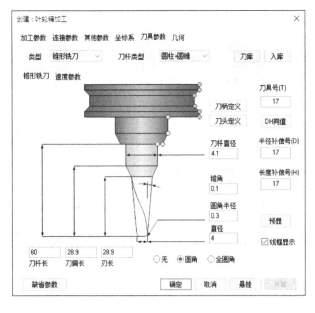

图　6-12

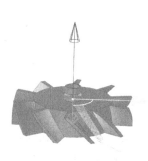

图　6-13

6.3 叶轮沿曲线精加工

6.3.1 叶轮沿曲线精加工模型

叶轮沿曲线精加工模型如图 6-1 所示。本节主要介绍多轴的叶轮沿曲线精加工命令，在这个例子中使用叶轮模型进行刀路的编制。

6.3.2 工艺方案

叶轮沿曲线精加工模型的加工工艺方案如表 6-3 所示。

表 6-3

加 工 内 容	加 工 方 式	机 床	刀 具
精加工	叶轮沿曲线精加工	五轴机床	$\phi1\text{mm}$ 锥形铣刀

此类零件装夹比较简单，利用自定心卡盘夹持工装。

6.3.3 准备加工文件

打开 CAXA 制造工程师 2022 软件，打开 6-3.mcs 文件，精加工叶轮底面。

6.3.4 创建坐标系

用系统自动生成的一个世界坐标系即可。

6.3.5 编程详细操作步骤

步骤：单击"制造"→"多轴"→"叶轮沿曲线精加工"→弹出"创建：叶轮沿曲线精加工"对话框→选择"几何"→选择必要"叶槽右叶面"→弹出"面拾取工具"对话框→选择拾取元素类型"面"，拾取图素（注意拾取面的方向）→单击 √，返回"创建：叶轮沿曲线精加工"对话框；选择必要"叶槽左叶面"→弹出"面拾取工具"对话框→选择拾取元素类型"面"，拾取图素（注意拾取面的方向）→单击 √，返回"创建：叶轮沿曲线精加工"对话框；选择必要"刀轴控制线"→弹出"曲线拾取工具"对话框→选择拾取元素类型"3D 曲线"，拾取图素→单击 √，返回"创建：叶轮沿曲线精加工"对话框；选择必要"叶轮底面"→弹出"面拾取工具"对话框→选择拾取元素类型"面"，拾取图素（注意拾取面的方向）→单击 √，返回"创建：叶轮沿曲线精加工"对话框，如图 6-14 所示。

需要设定的参数如下：

1）加工参数：加工方式"往复"；加工顺序"标准"；余量和精度→加工余量"0"，加工精度"0.01"；行距"0.3"；侧面余量"0.1"；最大角步距"3"，如图 6-15 所示。

创建：叶轮沿曲线精加工
加工参数 连接参数 其他参数 坐标系 刀具参数 几何
高级
必要 1 叶槽右叶面 删除
必要 1 叶槽左叶面 删除
必要 1 刀轴控制线 删除
必要 1 叶轮底面 删除
特别注意：
1. 叶片面与底面之间不能有圆弧等过渡面，两者必须相交
2. 所选几何限定在一个叶槽内，不能跨多个叶槽
3. 叶槽右叶面方向向左
4. 叶槽左叶面方向向右
5. 叶轮底面方向向上
缺省参数 确定 取消 悬挂 计算
选中对象 方向(双击)
面(1) 正向
零件
面
所有反向
删除 清空
选中对象 方向(双击)
面(1) 反向
零件
面
所有反向
删除 清空
选中对象 方向(双击)
面(1) 正向
零件
面
所有反向
删除 清空
选中对象
曲线(1)
拾取元素类型
面的内外环
面的所有内环
零件上的边
3D曲线
草图 <单根拾取>
草图 <全部拾取>
边界
显示击中对象列表
删除 清空

图 6-14

创建：叶轮沿曲线精加工
加工参数 连接参数 其他参数 坐标系 刀具参数 几何
加工方式
往 复
加工方向
从铣到轴
加工顺序
标 准
余量和精度
加工余量
0
加工精度
0.01
高级
行 距
0.3
侧面余量
0.1
最大角步距
3
缺省参数 确定 取消 悬挂 计算

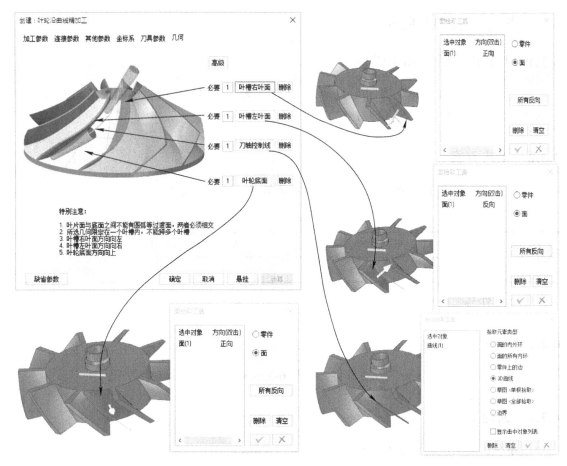

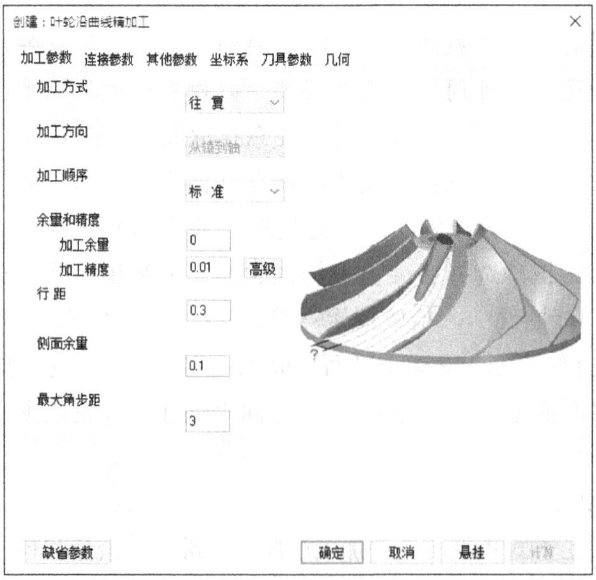

图 6-15

五轴叶轮加工策略应用讲解

2）连接参数：如图 6-16 所示。

①起始 / 结束段：接近方式→勾选"加切入"，返回方式→勾选"加切出"。

②行间连接：小行间切入切出"切入 / 切出"；大行间切入切出"切入 / 切出"。

③空切区域：区域类型"圆柱面"；圆柱面参数→轴线平行于"Z 轴"，半径"用户定义""30"。

④切入参数：选项"相切直线"；刀轴方向"固定"；参数→倒角半径"0"，长度"3"，高度"0"，进给率 %"100"。

⑤切出参数：单击"拷贝切入"，按默认即可（图 6-16 未展示）。

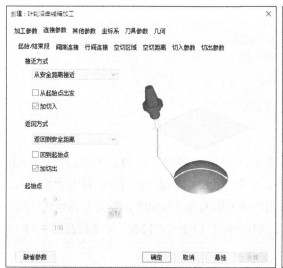

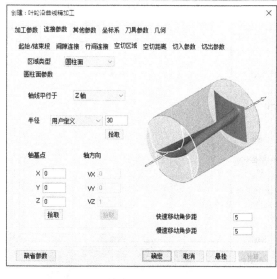
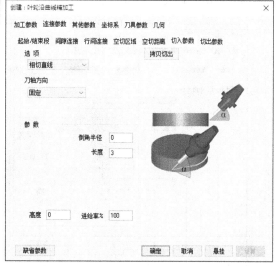

图　6-16

3）其他参数：默认即可，如图 6-17 所示。

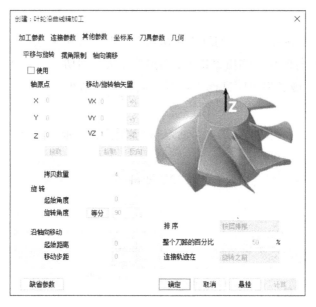

图 6-17

4）坐标系：默认世界坐标系即可。

5）刀具参数：类型"锥形铣刀"，刀杆类型"圆柱+圆锥"，刀具号"18"，单击"DH 同值"，刀杆长"60"，刀肩长"19.5"，刃长"19.5"，直径"1"，锥角"7.5"，刀杆直径"6"，如图 6-18 所示；单击"速度参数"→主轴转速"5000"，慢速下刀速度（F0）"1000"，切入切出连接速度（F1）"1200"，切削速度（F2）"1200"，退刀速度（F3）"3000"。

6）单击"确定"按钮，执行刀具路径运算，刀具路径运算结果如图 6-19 所示。

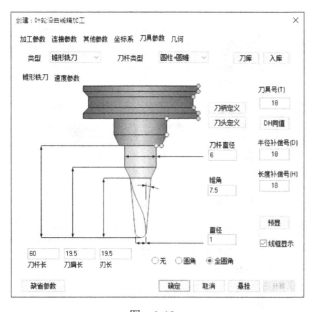

图 6-18

图 6-19

6.4 叶片精加工

6.4.1 叶片精加工模型

叶片精加工模型如图 6-1 所示。本节主要介绍多轴的叶片精加工命令，在这个例子中使用叶轮模型进行刀路的编制。

6.4.2 工艺方案

叶片精加工模型的加工工艺方案如表 6-4 所示。

表 6-4

加 工 内 容	加 工 方 式	机 床	刀 具
叶片精加工	叶片精加工	五轴机床	$\phi 1mm$ 锥形铣刀

此类零件装夹比较简单，利用自定心卡盘夹持工装。

6.4.3 准备加工文件

打开 CAXA 制造工程师 2022 软件，打开 6-4.mcs 文件，精加工叶片。

6.4.4 创建坐标系

用系统自动生成的一个世界坐标系即可。

6.4.5 编程详细操作步骤

步骤：单击"制造"→"多轴"→"叶片精加工"→弹出"创建：叶片精加工"对话框→选择"几何"→选择必要"叶轮底面"→弹出"面拾取工具"对话框→选择拾取元素类型"面"，拾取图素（注意拾取面的方向）→单击 ✓，返回"创建：叶片精加工"对话框；选择必要"叶片面"→弹出"面拾取工具"对话框→选择拾取元素类型"面"，拾取图素（注意拾取面的方向）→单击 ✓，返回"创建：叶片精加工"对话框，如图 6-20 所示。

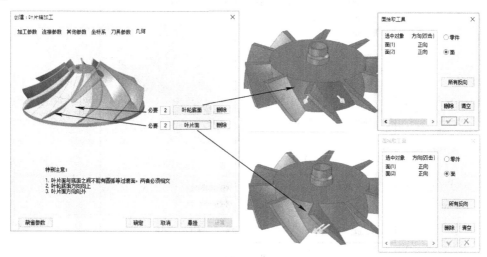

图 6-20

需要设定的参数如下：

1）加工参数：加工方式"往复"；刀具接触底面方式"仅抬刀"；分行（沿曲面方向）→分行方法"按照行距"，行距"1"；延伸→在起始位置的延伸长度"3"，在结束位置的延伸长度"3"，最大角步距"3"；余量与精度→侧面余量"0"，底面余量"0"，加工精度"0.01"，如图 6-21 所示。

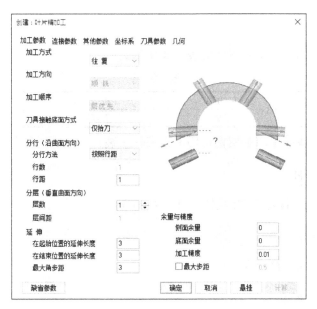

图　6-21

2）连接参数：空切区域→区域类型"圆柱面"；圆柱面参数→轴线平行于"Z 轴"，半径"用户定义""30"；其他默认即可，如图 6-22 所示。

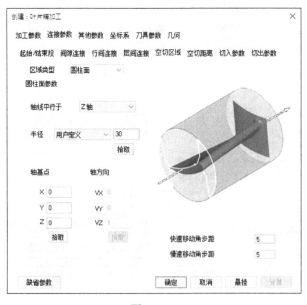

图　6-22

3）其他参数：默认即可。

4）坐标系：默认世界坐标系即可。

5）刀具参数：类型"锥形铣刀"，刀杆类型"圆柱＋圆锥"，刀具号"18"，单击"DH同值"，刀杆长"60"，刀肩长"19.5"，刃长"19.5"，直径"1"，锥角"7.5"，刀杆直径"6"，如图6-23所示；单击"速度参数"→主轴转速"5000"，慢速下刀速度（F0）"1000"，切入切出连接速度（F1）"1200"，切削速度（F2）"1200"，退刀速度（F3）"3000"。

6）单击"确定"按钮，执行刀具路径运算，刀具路径运算结果如图6-24所示。

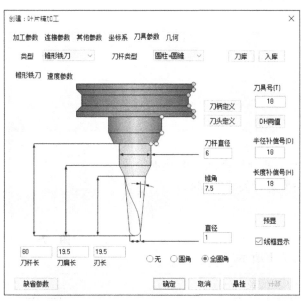

图 6-23

图 6-24

6.5 工程师经验点评

叶轮叶片加工是五轴加工的一个常用部分，它们使用五轴限制面加工、五轴侧铣加工的加工特点，以叶片曲面为限制面／侧面，以叶轮毂为加工面／底面，并针对叶轮叶片的加工特点进行了特定的参数设置。

第 **7** 章

孔加工策略应用讲解

7.1 孔加工

7.1.1 孔加工模型

孔加工模型如图 7-1 所示。本节主要介绍孔加工的孔加工命令，在这个例子中使用孔加工模型进行刀路的编制。

图 7-1

7.1.2 工艺方案

孔加工模型的加工工艺方案如表 7-1 所示。

表 7-1

加 工 内 容	加 工 方 式	机 床	刀 具
孔加工	孔加工	三轴机床	$\phi9.8$mm 钻头

此类零件装夹比较简单，利用平口钳夹持。

7.1.3 准备加工文件

打开 CAXA 制造工程师 2022 软件，打开 7-1.mcs 文件，进行孔加工。

7.1.4 创建坐标系

用系统自动生成的一个世界坐标系即可。

7.1.5 编程详细操作步骤

步骤：单击"制造"→"孔加工"→"孔加工"→"创建：孔加工（钻孔）"对话框→选择"几何"→单击"拾取"→弹出"圆孔拾取工具"对话框→选择拾取元素类型"面上所有孔"，拾取孔的上表面→单击 ✓ ，返回"创建：孔加工（钻孔）"对话框；然后在圆孔列表中任意选中一个孔→圆孔深度值→设定孔深"35"（因为是通孔，把钻头前端斜面部分给多让出去点）→单击"修改所有孔"，如图 7-2 所示。

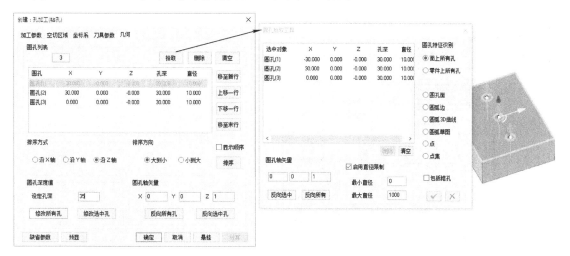

图　7-2

需要设定的参数如下：

1）加工参数：孔加工类型"高速啄式钻孔"（这里调用的是 G73）；参数→下刀增量"3"（这里是指 Q3 值），安全间隙"3"（这里是指 R3 值），暂停时间"0"，如图 7-3 所示。

2）空切区域：区域类型"平面"；平面→起始高度（绝对）"50"，安全高度（绝对）"30"，如图 7-4 所示。

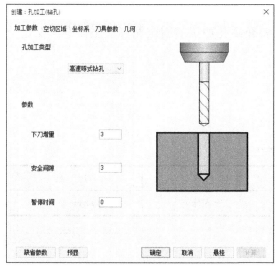

图　7-3

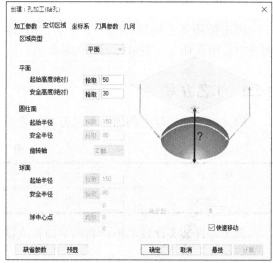

图　7-4

3）坐标系：默认世界坐标系即可。

4）刀具参数：类型"钻头"，刀杆类型"圆柱"，刀具号"21"，单击"DH 同值"，刀杆长"80"，刃长"50"，直径"9.8"，刀尖角"118"，如图 7-5 所示，单击"速度参数"→主轴转速"600"，慢速下刀速度（F0）"1000"，切入切出连接速度（F1）"80"，切削速度（F2）"80"，退刀速度（F3）"3000"。

5）单击"确定"按钮，执行刀具路径运算，刀具路径运算结果如图 7-6 所示。

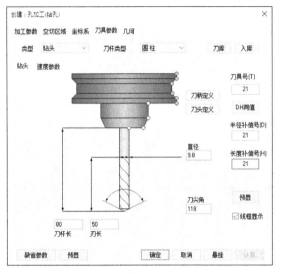

图 7-5

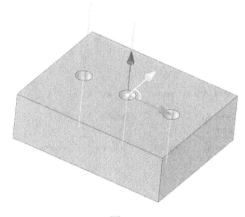

图 7-6

7.2 固定循环加工

7.2.1 固定循环加工模型

固定循环加工模型如图 7-1 所示。本节主要介绍孔加工的固定循环加工命令，在这个例子中使用孔加工模型进行刀路的编制。

7.2.2 工艺方案

固定循环加工模型的加工工艺方案如表 7-2 所示。

表 7-2

加 工 内 容	加 工 方 式	机 床	刀 具
孔加工	固定循环加工	三轴机床	ϕ9.8mm 钻头

此类零件装夹比较简单，利用平口钳夹持。

7.2.3 准备加工文件

打开 CAXA 制造工程师 2022 软件，打开 7-2.mcs 文件，进行孔加工。

7.2.4 创建坐标系

用系统自动生成的一个世界坐标系即可。

7.2.5　编程详细操作步骤

步骤：单击"制造"→"孔加工"→"固定循环加工"→弹出"创建：固定循环加工"对话框→选择"几何"→选择必要"孔点"→弹出"点拾取工具"对话框→选择拾取元素类型"面的所有圆孔中心点"，拾取孔的上表面→单击　，返回"创建：固定循环加工"对话框，如图 7-7 所示。

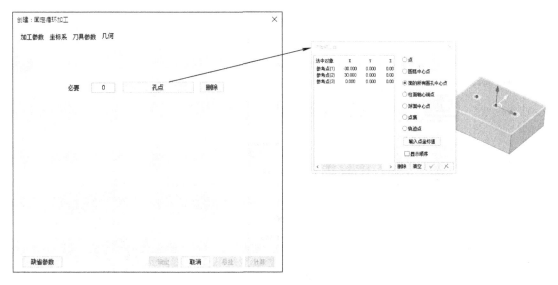

图　7-7

需要设定的参数如下：

1）加工参数：控制系统"FANUC"；功能名称"排屑钻孔（G83）"；参数表→主轴转速（speed）"800"，孔底高度（Z）"-35"，加工开始高度（R）"5"，每次加工深度（Q）"3"，切削进给速度（F）"100"，如图 7-8 所示。

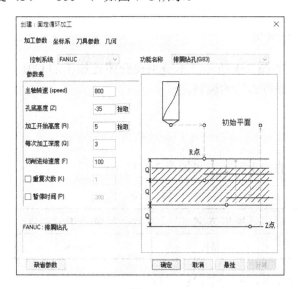

图　7-8

2）坐标系：默认世界坐标系即可。

3）刀具参数：类型"钻头"，刀杆类型"圆柱"，刀具号"21"，单击"DH 同值"，刀杆长"80"，刃长"50"，直径"9.8"，刀尖角"118"，如图 7-9 所示；这里的速度参数不管用，在图 7-8 的"加工参数"里设置好即可）。

4）单击"确定"按钮，执行刀具路径运算，刀具路径运算结果如图 7-10 所示。

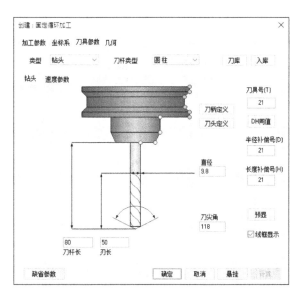

图 7-9

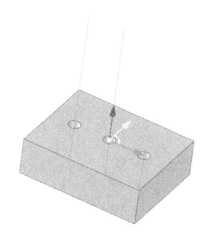

图 7-10

7.3 G01 钻孔加工

7.3.1 G01 钻孔加工模型

G01 钻孔加工模型如图 7-1 所示。本节主要介绍孔加工的 G01 钻孔加工命令，在这个例子中使用孔加工模型进行刀路的编制。

7.3.2 工艺方案

G01 钻孔加工模型的加工工艺方案如表 7-3 所示。

表 7-3

加 工 内 容	加 工 方 式	机 床	刀 具
孔加工	G01 钻孔	三轴机床	φ9.8mm 钻头

此类零件装夹比较简单，利用平口钳夹持。

7.3.3 准备加工文件

打开 CAXA 制造工程师 2022 软件，打开 7-3.mcs 文件，进行孔加工。

7.3.4 创建坐标系

用系统自动生成的一个世界坐标系即可。

7.3.5 编程详细操作步骤

步骤：单击"制造"→"孔加工"→"G01 钻孔"→弹出"创建：G01 钻孔"对话框→选择"几何"→单击"拾取"→弹出"圆孔拾取工具"对话框→选择拾取元素类型"面上所有孔"，拾取孔的上表面→单击 ✓，返回"创建：G01 钻孔"对话框；然后在圆孔列表中任意选中一个孔→圆孔深度值→设定孔深"35"（因为是通孔，钻头前端斜面部分可多让出点）→单击"修改所有孔"，如图 7-11 所示。

图　7-11

需要设定的参数如下：

1）加工参数：安全间隙"5"，每次深度"3"，最小抬刀距离"1"，如图 7-12 所示。

2）空切区域：区域类型"平面"；平面→起始高度（绝对）"50"，安全高度（绝对）"30"，如图 7-13 所示。

3）坐标系：默认世界坐标系即可。

4）刀具参数：类型"钻头"，刀杆类型"圆柱"，刀具号"21"，单击"DH 同值"，刀杆长"80"，刃长"50"，直径"9.8"，刀尖角"118"，如图 7-14 所示；单击"速度参数"→主轴转速"600"，慢速下刀速度（F0）"1000"，切入切出连接速度（F1）"80"，切削速度（F2）"80"，退刀速度（F3）"3000"。

5）单击"确定"按钮，执行刀具路径运算，刀具路径运算结果如图 7-15 所示。

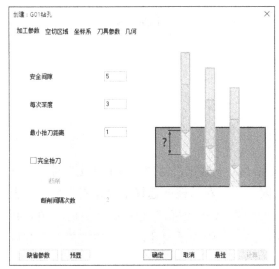

图 7-12

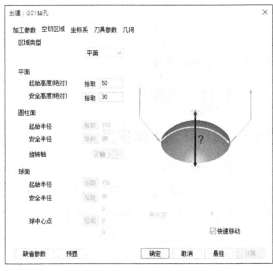

图 7-13

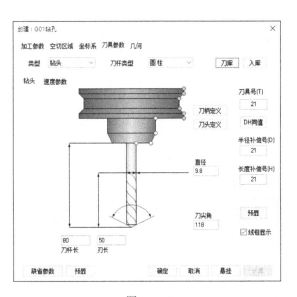

图 7-14

图 7-15

7.4 五轴 G01 钻孔加工

7.4.1 五轴 G01 钻孔加工模型

　　五轴 G01 钻孔加工模型如图 7-16 所示。本节主要介绍孔加工的五轴 G01 钻孔加工命令，在这个例子中使用孔加工模型进行刀路的编制。

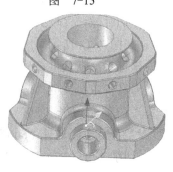

图 7-16

7.4.2 工艺方案

五轴 G01 钻孔加工模型的加工工艺方案如表 7-4 所示。

表 7-4

加 工 内 容	加 工 方 式	机 床	刀 具
孔加工	五轴 G01 钻孔	五轴机床	ϕ9.8mm 钻头

此类零件装夹比较简单，利用自定心卡盘夹持。

7.4.3 准备加工文件

打开 CAXA 制造工程师 2022 软件，打开 7-4.mcs 文件，进行五轴孔加工。

7.4.4 创建坐标系

用系统自动生成的一个世界坐标系即可。

7.4.5 编程详细操作步骤

步骤：单击"制造"→"孔加工"→"五轴 G01 钻孔"→弹出"创建：五轴 G01 钻孔"对话框→选择"几何"→单击"孔点"→弹出"点拾取工具"对话框→选择拾取元素类型"点"，拾取孔上辅助线的端点→单击 ✓，返回"创建：五轴 G01 钻孔"对话框；然后单击"刀轴方向"→弹出"方向拾取工具"对话框→柱面"轴心线"，圆弧"切矢"，曲线"首点切矢"，拾取孔上辅助线（注意方向）→单击 ✓，返回"创建：五轴 G01 钻孔"对话框，如图 7-17 所示。

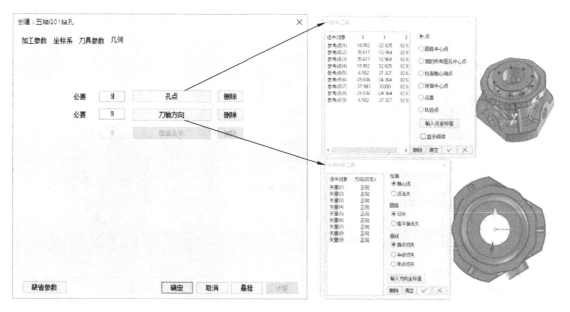

图 7-17

需要设定的参数如下：

1）加工参数：参数→安全高度"120"，起止高度"120"，回退距离"30"，安全间隙"2"，钻孔深度"27"；钻孔方式→每次深度"3"；刀轴控制"刀轴方向"，钻孔点到直线的最大距离"0.01"，如图 7-18 所示。

图　7-18

2）坐标系：默认世界坐标系即可。

3）刀具参数：类型"钻头"，刀杆类型"圆柱"，刀具号"21"，单击"DH 同值"，刀杆长"80"，刃长"50"，直径"9.8"，刀尖角"118"，如图 7-19 所示；单击"速度参数"→主轴转速"600"，慢速下刀速度（F0）"1000"，切入切出连接速度（F1）"80"，切削速度（F2）"80"，退刀速度（F3）"3000"。

4）单击"确定"按钮，执行刀具路径运算，刀具路径运算结果如图 7-20 所示。

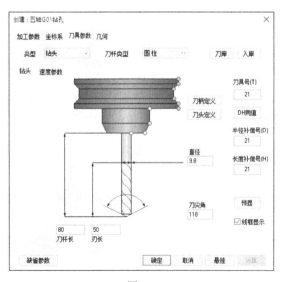

图　7-19

图　7-20

7.5　铣圆孔加工

7.5.1　铣圆孔加工模型

铣圆孔加工模型如图 7-21 所示。本节主要介绍孔加工的铣圆孔加工命令，在这个例子中使用孔加工模型进行刀路的编制。

7.5.2　工艺方案

图　7-21

铣圆孔加工模型的加工工艺方案如表 7-5 所示。

表　7-5

加 工 内 容	加 工 方 式	机　　床	刀　　具
孔加工	铣圆孔加工	三轴机床	ϕ10mm 立铣刀

此类零件装夹比较简单，利用自定心卡盘夹持。

7.5.3　准备加工文件

打开 CAXA 制造工程师 2022 软件，打开 7-5.mcs 文件，进行孔加工。

7.5.4　创建坐标系

用系统自动生成的一个世界坐标系即可。

7.5.5　编程详细操作步骤

步骤：单击"制造"→"孔加工"→"铣圆孔加工"→弹出"创建：铣圆孔加工"对话框→选择"几何"→单击"拾取"→弹出"圆孔拾取工具"对话框→选择拾取元素类型"圆孔面"，拾取孔的上表面→单击 ✓ ，返回"创建：铣圆孔加工"对话框；双击圆孔图素进入"编辑"对话框，Z "62"，孔深 "12"→单击"确定"，返回"创建：铣圆孔加工"对话框，如图 7-22 所示。

需要设定的参数如下：

1）加工参数：铣削方式"顺铣"；深度方式"螺旋切削"，螺距"1"；刀次和行距→刀次"1"；精度和余量→加工精度"0.01"，加工余量"0.3"，如图 7-23 所示。

2）切入切出：不设定。

3）空切区域：区域类型"平面"，平面→起始高度（绝对）"80"，安全高度（绝对）

"70"，如图 7-24 所示。

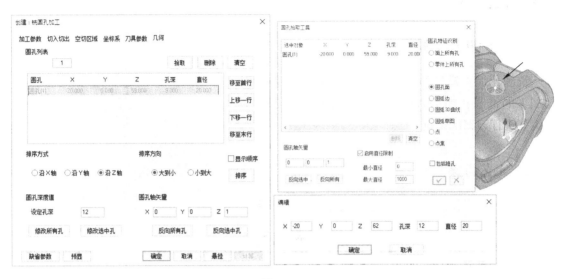

图　7-22

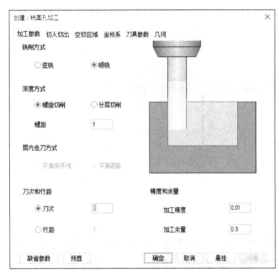

图　7-23

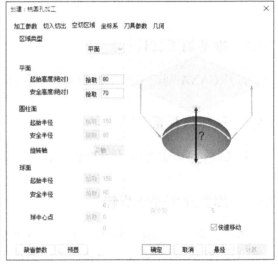

图　7-24

4）坐标系：默认世界坐标系即可。

5）刀具参数：类型"立铣刀"，刀杆类型"圆柱"，刀具号"17"，单击"DH 同值"，刀杆长"35"，刃长"20"，直径"10"，如图 7-25 所示；单击"速度参数"→主轴转速"4500"，慢速下刀速度（F0）"1000"，切入切出连接速度（F1）"2500"，切削速度（F2）"2500"，退刀速度（F3）"3000"。

6）单击"确定"按钮，执行刀具路径运算，刀具路径运算结果如图 7-26 所示。

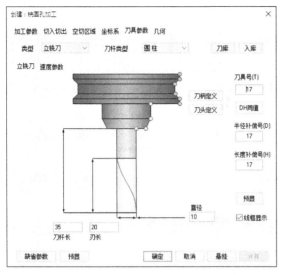

图 7-25

图 7-26

7.6 铣螺纹加工

7.6.1 铣螺纹加工模型

铣螺纹加工模型如图 7-27 所示。本节主要介绍孔加工的铣螺纹加工命令，在这个例子中使用孔加工模型进行刀路的编制。

7.6.2 工艺方案

图 7-27

铣螺纹加工模型的加工工艺方案如表 7-6 所示。

表 7-6

加 工 内 容	加 工 方 式	机 床	刀 具
螺纹加工	铣螺纹加工	三轴机床	$\phi16mm$ 螺纹铣刀

此类零件装夹比较简单，利用平口钳夹持。

7.6.3 准备加工文件

打开 CAXA 制造工程师 2022 软件，打开 7-6.mcs 文件，进行螺纹加工。

7.6.4 创建坐标系

用系统自动生成的一个世界坐标系即可。

7.6.5 编程详细操作步骤

步骤：单击"制造"→"孔加工"→"铣螺纹加工"→弹出"创建：铣螺纹加工"对话框→选择"几何"→"圆"→弹出"圆孔拾取工具"对话框→拾取孔的上表面（注意方向）→

单击 ✓，返回"创建：铣螺纹加工"对话框，如图 7-28 所示。

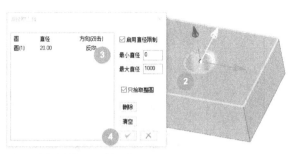

看孔的方向如果向下，就双击 3

图　7-28

需要设定的参数如下：

1）加工参数：类型"内螺纹"；旋向"右旋"；加工顺序"从上往下"；螺纹参数→螺距"1.5"，头数"1"，螺纹长度"18"，起始角度"0"，刀次"3"，刀次间距"0.3"；其他选项→半径补偿方式"计算机补偿"；精度和余量→加工精度"0.002"，加工余量"0"，如图 7-29 所示。

2）切入切出：切入方式"圆弧"，半径"1"，圆心角"90"；切出方式"圆弧"，半径"1"，圆心角"90"，如图 7-30 所示。

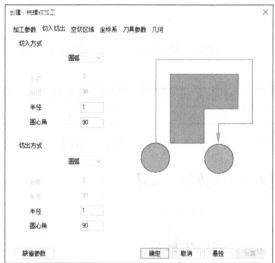

图　7-29　　　　　　　　　　　　　　　　　图　7-30

3）空切区域：区域类型"平面"，平面→起始高度（绝对）"50"，安全高度（绝对）"30"，如图 7-31 所示。

4）坐标系：默认世界坐标系即可。

5）刀具参数：类型"螺纹铣刀"，刀杆类型"圆柱"，刀具号"18"，单击"DH 同值"，刀杆长"80",刃长"10",螺纹外径"16",如图7-32所示;单击"速度参数"→主轴转速"4500",慢速下刀速度(F0)"1000",切入切出连接速度(F1)"1200",切削速度(F2)"2000",退刀速度(F3)"3000"。

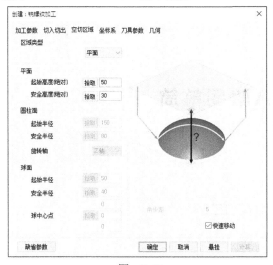

图 7-31

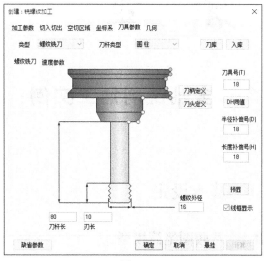

图 7-32

6)单击"确定"按钮,执行刀具路径运算,刀具路径运算结果如图7-33所示。

7.7 工程师经验点评

孔加工功能主要是对零件表面的各类圆孔、螺纹孔进行加工。与二三轴轨迹不同,孔加工利用的多是数控系统自带的固定循环加工方法。其中的固定循环加工策略尤其好用,大家可以根据"加工参数"里的示意图来填写各个加工参数,如图7-34所示。

图 7-33

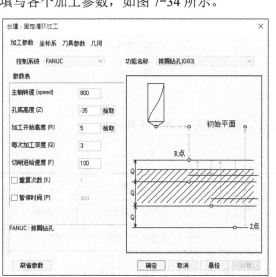

图 7-34

第8章

多轴铣削加工实例：八骏图笔筒

8.1 基本设定

8.1.1 八骏图笔筒模型

八骏图笔筒模型如图 8-1 所示，本节主要介绍多轴的四轴旋转粗加工、四轴旋转精加工命令的使用。在这个例子中使用实体模型进行刀路的编制。

图 8-1

8.1.2 工艺方案

八骏图笔筒模型的加工工艺方案如表 8-1 所示。

表 8-1

工 序 号	加 工 内 容	加 工 方 式	机 床	刀 具
1	四轴粗加工笔筒	四轴旋转粗加工	四轴机床	ϕ6mm 球头铣刀
2	四轴精加工笔筒	四轴旋转精加工	四轴机床	ϕ1.5mm 球头铣刀

此类零件装夹比较简单，利用自定心卡盘夹持即可。

8.1.3 准备加工文件

打开 CAXA 制造工程师 2022 软件，打开 8.mcs 文件，加工笔筒。

8.1.4 创建坐标系

用系统自动生成的一个世界坐标系即可。

8.1.5 创建毛坯

单击"创建"→"毛坯"→弹出"创建毛坯"对话框→选择"圆柱体"→圆柱体→底面中心点→X"0"，Y"0"，Z"0"；轴向"+X"；高度"91"，半径"37"，精度"0.01"（图 8-2），单击"确定"按钮完成。

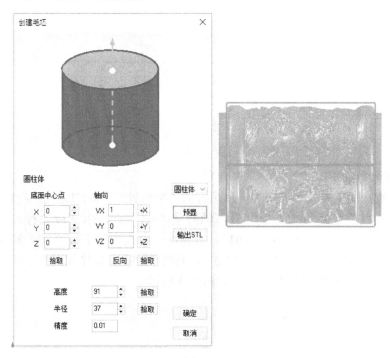

图 8-2

8.2 编程详细操作步骤

8.2.1 四轴粗加工笔筒

步骤：单击"制造"→"多轴"→"四轴旋转粗加工"→弹出"创建：四轴旋转粗加工"对话框→选择"几何"→选择必要"加工曲面"→弹出"面拾取工具"对话框→选择拾取元素类型"零件"，拾取图素→单击 ✓，返回"创建：四轴旋转粗加工"对话框；选择必要"毛坯"→拾取毛坯→单击鼠标右键拾取完成，返回"创建：四轴旋转粗加工"对话框，如图 8-3 所示。

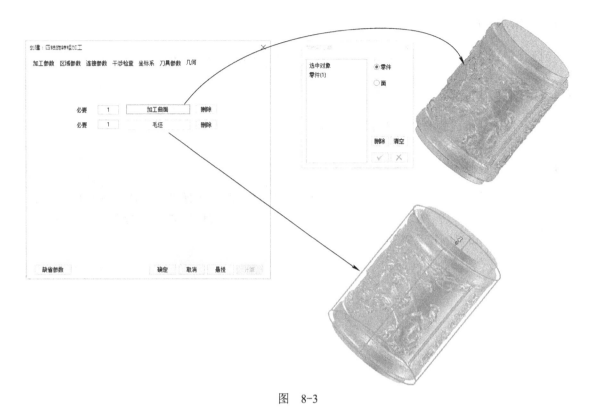

图 8-3

需要设定的参数如下：

1）加工参数：加工方式"螺旋"；加工方向"顺时针"；走刀方式"绕轴线"；旋转轴→轴原点→ X "0"，Y "0"，Z "0"，轴向量 "+X"；行距→最大行距 "1"；余量和精度→加工余量 "0.2"，加工精度 "0.01"；多刀次→勾选"使用"，单击"多刀次参数"→弹出"多刀次"对话框→刀次参数→层数 "3"，间距 "0.5"；排序规则"按行"，单击"确定"，返回"创建：四轴旋转粗加工"，如图 8-4 所示。

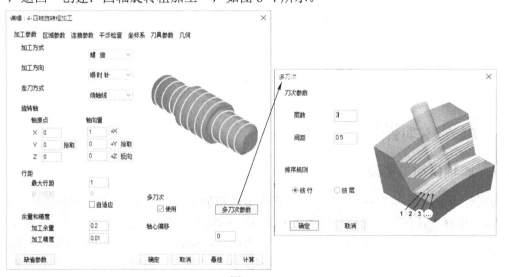

图 8-4

2）区域参数：默认即可。

3）连接参数：如图 8-5 所示。

① 起始 / 结束段：接近方式→勾选"加切入"，返回方式→勾选"加切出"。

② 行间连接：小行间切入切出"切入 / 切出"；大行间切入切出"切入 / 切出"。

③ 空切区域：区域类型"圆柱面"；圆柱面参数→轴线平行于"旋转轴"，半径"用户定义""70"。

④ 切入参数：选项"垂直相切圆弧"；刀轴方向"固定"；参数→直径 / 角度→圆心角"90"，弧直径 / 刀具直径 %"200"，高度"0"，进给率 %"100"。

⑤ 切出参数：单击"拷贝切入"，按默认即可（图 8-5 中未展示）。

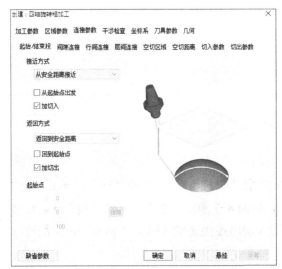

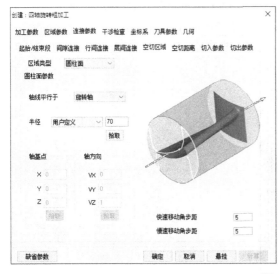

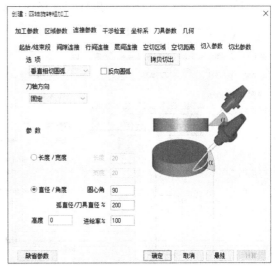

图 8-5

4）干涉检查：检查（1）→勾选"使用"，刀具检查部分全部勾选，干涉检查几何→勾选"加工曲面""干涉曲面"，单击"拾取"，弹出"面拾取工具"对话框→选择拾取元素类型

"面"，拾取图素→单击 ，返回"创建：四轴旋转粗加工"对话框，其他默认即可，如图 8-6 所示。

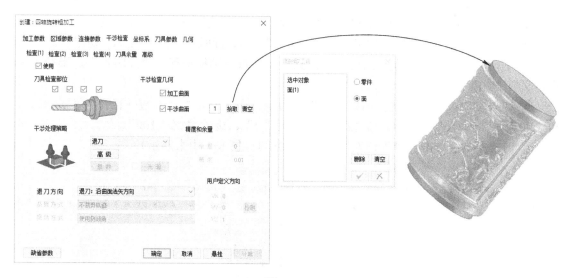

图 8-6

5）坐标系：默认世界坐标系即可。

6）刀具参数：类型"球头铣刀"，刀杆类型"圆柱"，刀具号"18"，单击"DH 同值"，刀杆长"35"，刃长"15"，直径"6"，如图 8-7 所示；单击"速度参数"→主轴转速"4500"，慢速下刀速度（F0）"1000"，切入切出连接速度（F1）"1000"，切削速度（F2）"2500"，退刀速度（F3）"3000"。

7）单击"确定"按钮，执行刀具路径运算，刀具路径运算结果如图 8-8 所示。

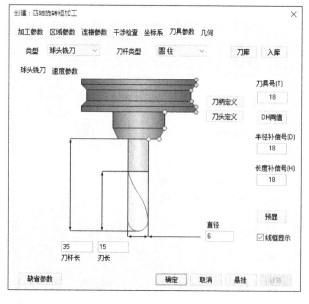

图 8-7

图 8-8

8.2.2　四轴精加工笔筒

步骤： 单击"制造"→"多轴"→"四轴旋转精加工"→弹出"创建：四轴旋转精加工"对话框→选择"几何"→选择必要"加工曲面"→弹出"面拾取工具"对话框→选择拾取元素类型"零件"，拾取图素→单击 ✓，返回"创建：四轴旋转精加工"对话框，如图 8-9 所示。

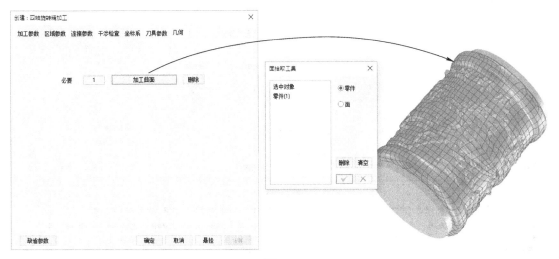

图　8-9

需要设定的参数如下：

1）加工参数：加工方式"螺旋"；加工方向"顺时针"；走刀方式"绕轴线"；旋转轴→轴原点→X"0"，Y"0"，Z"0"，轴向量单击"+X"；行距→最大行距"0.1"；余量和精度→加工余量"0"，加工精度"0.01"，如图 8-10 所示。

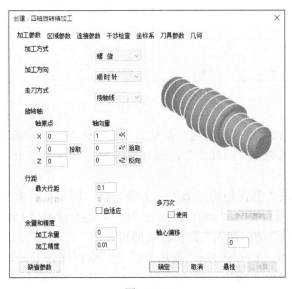

图　8-10

2）区域参数：默认即可。

3）连接参数：如图 8-11 所示。

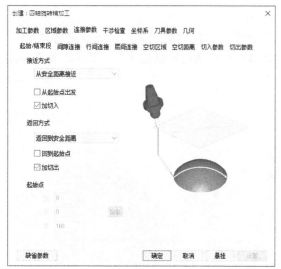
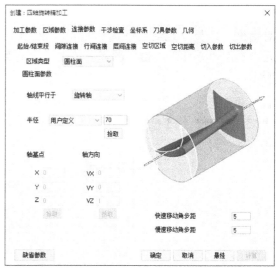
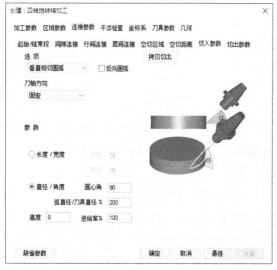

图　8-11

① 起始 / 结束段：接近方式→勾选"加切入"，返回方式→勾选"加切出"。

② 空切区域：区域类型"圆柱面"；圆柱面参数→轴线平行于"旋转轴"，半径"用户定义""70"。

③ 切入参数：选项"垂直相切圆弧"；刀轴方向"固定"；参数→直径 / 角度→圆心角"90"，弧直径 / 刀具直径 %"200"，高度"0"，进给率 %"100"。

④ 切出参数：单击"拷贝切入"，按默认即可。

4）干涉检查：检查（1）→勾选"使用"，刀具检查部分全部勾选，干涉检查几何→勾选"加工曲面""干涉曲面"，单击"拾取"，弹出"面拾取工具"对话框→选择拾取元素类型"面"，拾取图素→单击 ⌄ ，返回"创建：四轴旋转精加工"对话框，其他默认即可，如图 8-12 所示。

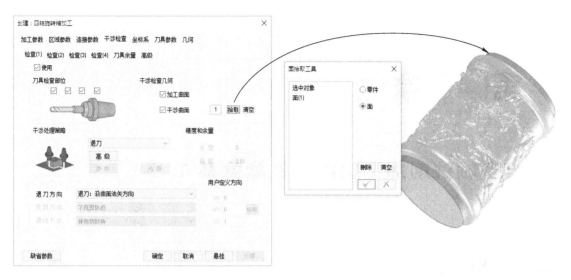

图　8-12

5）坐标系：默认世界坐标系即可。

6）刀具参数：类型"球头铣刀"，刀杆类型"圆柱＋圆锥"，刀具号"20"，单击"DH同值"，刀杆长"30"，刀肩长"8"，刃长"3"，直径"1.5"，刀杆直径"4"，如图 8-13所示；单击"速度参数"→主轴转速"6000"，慢速下刀速度（F0）"1000"，切入切出连接速度（F1）"1000"，切削速度（F2）"1000"，退刀速度（F3）"3000"。

7）单击"确定"按钮，执行刀具路径运算，刀具路径运算结果如图 8-14 所示。

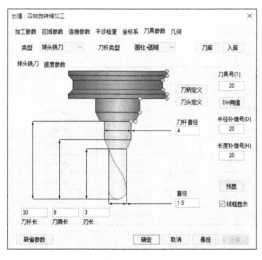

图　8-13

图　8-14

8.3　工程师经验点评

本章主要介绍了应用四轴旋转粗加工、四轴旋转精加工八骏图笔筒的过程。需要注意的是：四轴加工空切区域的区域类型要选择"圆柱面"，再设置一下旋转轴、旋转半径，一定要根据实际情况来设置。

第章

—— 多轴铣削加工实例：技能竞赛 1

9.1 基本设定

9.1.1 技能竞赛 1 模型

技能竞赛 1 模型如图 9-1 所示。本节主要介绍平面自适应粗加工、平面轮廓精加工1、变换轨迹命令的使用。在这个例子中使用实体模型进行刀路的编制。

9.1.2 工艺方案

技能竞赛 1 模型的加工工艺方案如表 9-1 所示。

图　9-1

表　9-1

工 序 号	加 工 内 容	加 工 方 式	机 床	刀 具
1	前端粗加工	平面自适应粗加工	四轴机床	ϕ8mm 立铣刀
2	前端侧壁精加工	平面轮廓精加工 1	四轴机床	ϕ6mm 立铣刀
3	前端槽粗加工	平面轮廓精加工 1	四轴机床	ϕ6mm 立铣刀
4	阵列 4 份	变换轨迹	四轴机床	源轨迹刀具
5	中端 1 粗加工	平面轮廓精加工 1	四轴机床	ϕ6mm 立铣刀
6	中端 2 粗加工	平面自适应粗加工	四轴机床	ϕ5mm 立铣刀
7	中端 3 粗加工	平面自适应粗加工	四轴机床	ϕ5mm 立铣刀
8	中端 3 侧壁精加工	平面轮廓精加工 1	四轴机床	ϕ6mm 立铣刀

此类零件装夹比较简单，利用自定心卡盘夹持即可。

9.1.3 准备加工文件

打开 CAXA 制造工程师 2022 软件，打开 9.mcs 文件，加工技能竞赛 1 模型。

9.1.4 创建辅助面和加工坐标系

1）自定义选项卡：在功能区右击快捷菜单选择"自定义选项卡"→弹出"定制"对话框，在命令类→"所有命令"（图 9-2 中①）→"工具"（图 9-2 中②），定制选项卡布局→

"创建"（图 9-2 中③）→单击"新建面板"→起名"辅助"（图 9-2 中④）→单击"实体展开"（图 9-2 中⑤）→单击"添加"（图 9-2 中⑥）→单击"×"（图 9-2 中⑦）。

图　9-2

2）展开前端 1 面：单击"制造"→"辅助"→"实体展开"→选择要展开的面→选择"定制板料"→单击 ✓ 按钮，如图 9-3 中①～⑥所示。

图　9-3

3）曲面→提取曲面：单击"曲面"→"提取曲面"→选择需要的面→单击 ✓ 按钮，如

图 9-4 所示。

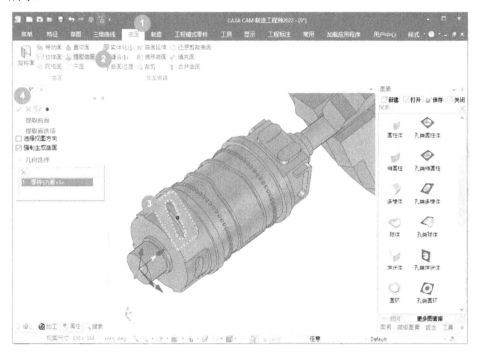

图 9-4

4）延伸前端 1 曲面：单击"曲面"→"曲面延伸"→选择需要延伸的边→长度"5"（比粗加工的刀具半径大就行）→单击 ✓ 按钮，如图 9-5 中①～⑤所示。

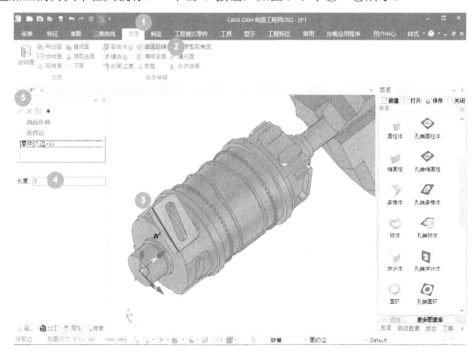

图 9-5

5）创建前端 1 坐标系：单击"制造"→"坐标系"→弹出"创建坐标系"对话框，名称"前端 1"→单击"确定"按钮，选中刚创建好的坐标，按"F10"键（开启三维球），选择 Y 轴的约束控制柄（图 9-6 中①），右击 Z 轴短控制柄（图 9-6 中②），弹出右键快捷菜单，选择"与面垂直"（图 9-6 中③），选择刚刚展开的曲面（图 9-6 中④），按"F10"键（关闭三维球）。

6）展开前端 2 面：单击"制造"→"辅助"→"实体展开"→选择要展开的面→选择"定制板料"→单击 ✓ 按钮，如图 9-7 所示。

图　9-6　　　　　　　　　　　　　　　　　图　9-7

7）创建前端 2 坐标系：单击"制造"→"坐标系"→弹出"创建坐标系"对话框，名称"前端 2"→单击"确定"按钮，选中刚创建好的坐标，按"F10"键（开启三维球），选择 Y 轴的约束控制柄（图 9-8 中①），右击 Z 轴短控制柄（图 9-8 中②），弹出右键快捷菜单，选择"与面垂直"，选择刚刚展开的曲面（图 9-8 中③），按"F10"键（关闭三维球）。

8）创建中端 1 坐标系：单击"制造"→"坐标系"→弹出"创建坐标系"对话框，名称"中端 1"→单击"确定"按钮，选中刚创建好的坐标，按"F10"键（开启三维球），选择 Y 轴的约束控制柄（图 9-9 中①），右击 X 轴短控制柄（图 9-9 中②），弹出右键快捷菜单，选择"与面垂直"，选择箭头所指的曲面（图 9-9 中③），按"F10"键（关闭三维球）。

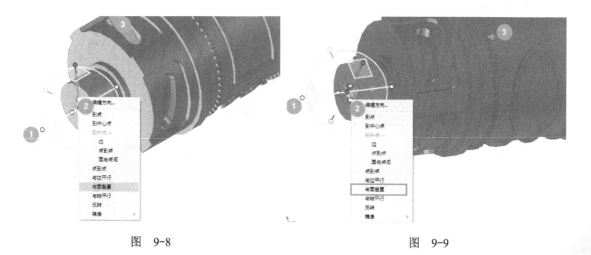

图　9-8　　　　　　　　　　　　　　　　　图　9-9

9）画辅助线：单击"草图"（图 9-10 中①）→"二维草图"（图 9-10 中②）→选择刚刚与 X 轴垂直的小平面（图 9-10 中③）→单击 ✓ 按钮（图 9-10 中④），进入草图→单击"矩形"（图 9-10 中⑤）→按照图形画矩形→"完成"（图 9-10 中⑥）。

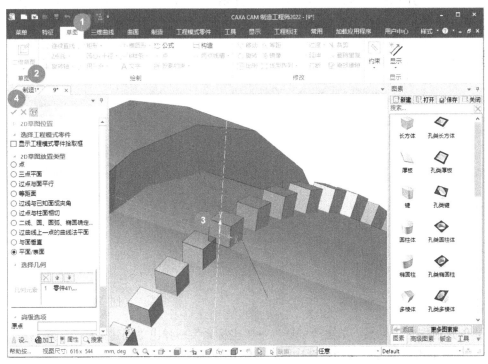

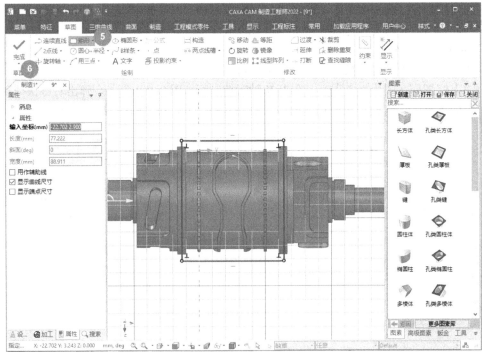

图　9-10

10）辅助面（直纹面）：单击"曲面"（图 9-11 中①）→"直纹面"（图 9-11 中②）→分别选择两根辅助线（注意方向）→单击 ✔ 按钮（图 9-11 中③）。

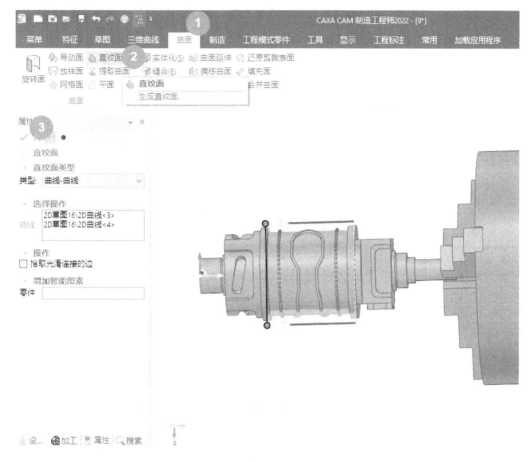

图　9-11

11）提取曲面：单击"曲面"→"提取曲面"→选择要提取的曲面→单击 ✔ 按钮，如图 9-12 中①～④所示。

12）分割：单击"特征"（图 9-13 中①）→"修改"→"分割"（图 9-13 中②）→目标零件选取提取的曲面→工具零件选取曲面→单击 ✔ 按钮，如图 9-13 所示。

13）展开中端 1 面：单击"制造"（图 9-14 中①）→"辅助"→"实体展开"（图 9-14 中②）→选择要展开的面→选择"定制板料"→单击 ✔ 按钮，如图 9-14 所示。

14）移动面：利用三维球将两面拼接在一起，结果如图 9-15 所示。

15）投影曲线：单击"草图"→"绘制"（图 9-16 中①）→"投影"（图 9-16 中②）→选择两个展开的曲面，然后进行相应绘制修剪，注意左右偏移刀具半径 +1（多偏移一点也没关系，只要别过切就行），如图 9-16 所示。

16）展开中端 2 面：单击"制造"（图 9-17 中①）→"辅助"→"实体展开"（图 9-17 中②）→选择要展开的面→选择"定制板料"→单击 ✔ 按钮，如图 9-17 所示。

185

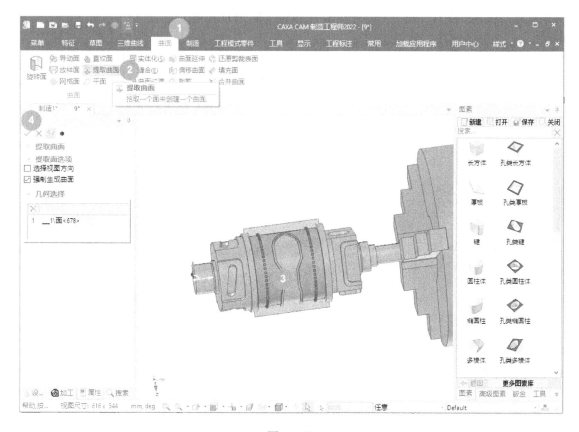

图 9-12

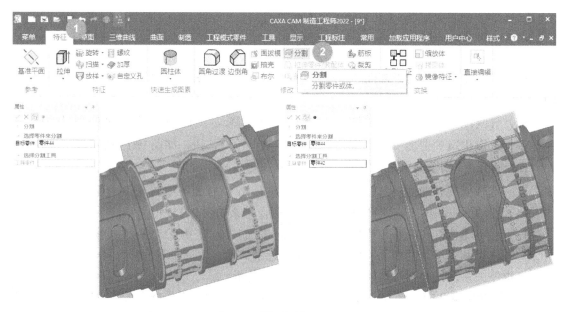

图 9-13

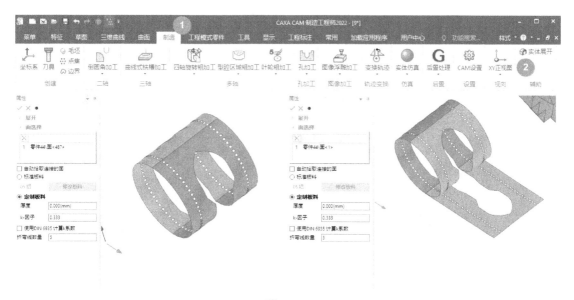

图　9-14

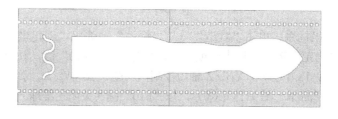

图　9-15

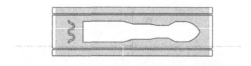

图　9-16

图　9-17

17）创建中端 3 坐标系：单击"制造"→"坐标系"→弹出"创建坐标系"对话框，名称"中端 3"→单击"确定"按钮，选中刚创建好的坐标，按"F10"键（开启三维球），选择 Y 轴的约束控制柄（图 9-18 中①），右击 Z 轴短控制柄（图 9-18 中②），弹出右键快捷菜单，选择"与面垂直"，选择曲面（图 9-18 中③），按"F10"键（关闭三维球），如图 9-18 所示。

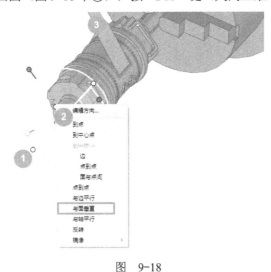

图　9-18

9.2　编程详细操作步骤

9.2.1　前端粗加工

步骤：单击"制造"→"二轴"→"平面自适应粗加工"→弹出"创建：平面自适应粗

加工"对话框→选择"几何"→选择必要"加工区域"→弹出"轮廓拾取工具"对话框→
选择拾取元素类型"面的内外环"，拾取图素→单击 ✓ ，返回"创建：平面自适应粗加工"
对话框，如图 9-19 所示。

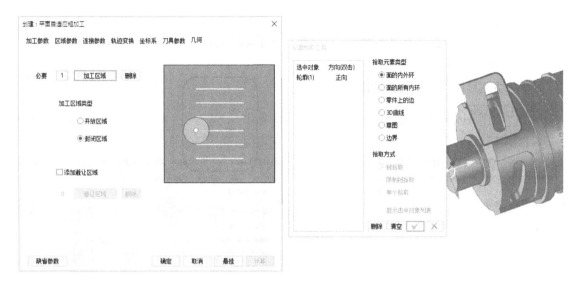

图　9-19

需要设定的参数如下：

1）加工参数：加工方式"往复"；加工方向"顺铣"；优先策略"区域优先"；余量
和精度→加工余量"0.2"，加工精度"0.01"；层参数→顶层高度"0"，底层高度"0"，
层数"1"；拔模斜度"0"；行距→最大行距"1.5"，顺铣（%）行距"100"，逆铣（%）
行距"100"，如图 9-20 所示。

图　9-20

2）区域参数：默认即可。

3）连接参数：如图 9-21 所示。

① 连接方式：接近 / 返回→勾选"加下刀"。

② 下刀方式：倾斜角（与 XY 平面）"1"。

③ 空切区域：区域类型"平面"；平面参数→平面法矢量平行于"Z 轴"，安全高度"用户定义""40"。

④ 空切距离：切入慢速移动距离"4"。

其他默认即可。

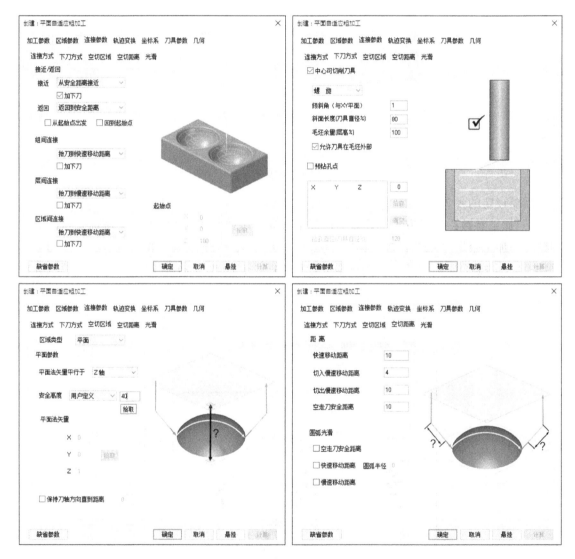

图 9-21

4）轨迹变换：圆柱包裹→勾选"使用"；包裹参数→包裹轴"Y 轴"，包裹半径"34.75"；其他默认即可，如图 9-22 所示。

5）坐标系：选"前端 1"即可。

6）刀具参数：类型"立铣刀"，刀杆类型"圆柱"，刀具号"1"，单击"DH 同值"，刀杆长"35"，刃长"20"，直径"8"，如图 9-23 所示；单击"速度参数"→主轴转速"5000"，慢速下刀速度（F0）"1000"，切入切出连接速度（F1）"2000"，切削速度（F2）"2000"，退刀速度（F3）"3000"。

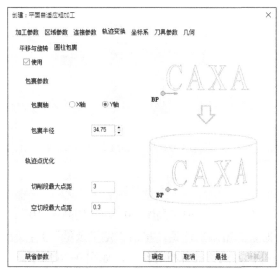
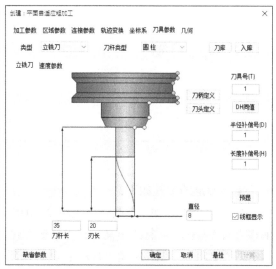

图 9-22   图 9-23

7）单击"确定"按钮，执行刀具路径运算，刀具路径运算结果如图 9-24 所示。

图 9-24

9.2.2 前端侧壁精加工

步骤：单击"制造"→"二轴"→"平面轮廓精加工 1"→弹出"创建：平面轮廓精加工 1"对话框→选择"几何"→选择必要"轮廓曲线"→弹出"轮廓拾取工具"对话框→选择拾取元素类型"零件上的边"→拾取图素（图 9-25）→单击 ，返回"创建：平面轮廓精加工 1"对话框。

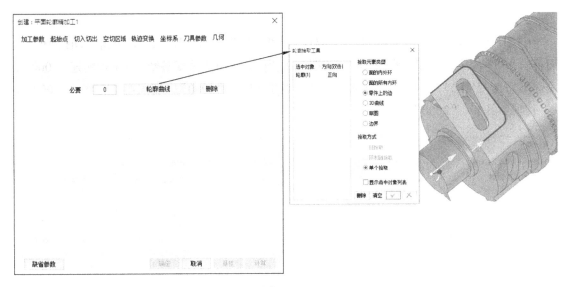

图 9-25

需要设定的参数如下：

1）加工参数：加工参数→加工精度"0.01"，刀次"1"，顶层高度"0"，底层高度"0"；偏移方向"左偏"；行距定义方式"余量方式（如果想留余量的话，单击"定义余量"）；层间走刀"单向"；偏移类型"TO"；其他选项→补偿方式"计算机补偿"，如图 9-26 所示。

2）起始点：默认即可。

3）切入切出：切入方式"圆弧"，半径"3"，圆心角"90"；切出方式"圆弧"，半径"3"，圆心角"90"，如图 9-27 所示。

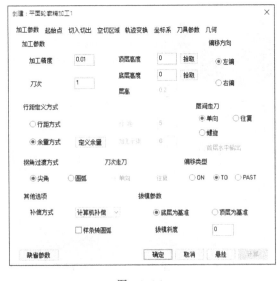

图 9-26

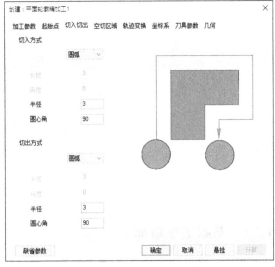

图 9-27

4）空切区域：区域类型"平面"；平面→起始高度（绝对）"60"，安全高度（绝对）"50"，如图 9-28 所示。

5）轨迹变换：圆柱包裹→勾选"使用"；包裹参数→包裹轴"Y 轴"，包裹半径"34.75"；轨迹点优化→切削段最大点距"1"；其他默认即可，如图 9-29 所示。

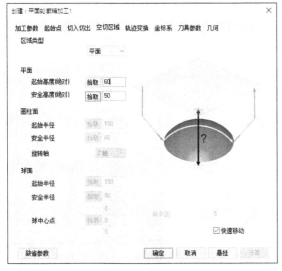

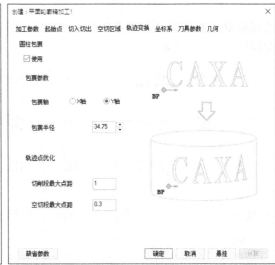

图 9-28

图 9-29

6）坐标系：选"前端 1"即可。

7）刀具参数：类型"立铣刀"，刀杆类型"圆柱"，刀具号"2"，单击"DH 同值"，刀杆长"30"，刃长"15"，直径"6"，如图 9-30 所示；单击"速度参数"→主轴转速"5000"，慢速下刀速度（F0）"1000"，切入切出连接速度（F1）"1500"，切削速度（F2）"1500，退刀速度（F3）"3000"。

8）单击"确定"按钮，执行刀具路径运算，刀具路径运算结果如图 9-31 所示。

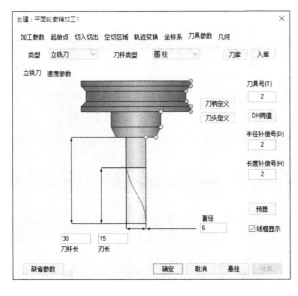

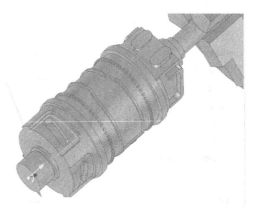

图 9-30

图 9-31

9.2.3 前端槽粗加工

步骤：单击"制造"→"二轴"→"平面轮廓精加工 1"→弹出"创建：平面轮廓精加工 1"对话框，选择"几何"→选择必要"轮廓曲线"→弹出"轮廓拾取工具"对话框→选择拾取元素类型"面的内外环"→拾取图素（图 9-32）→单击 √ ，返回"创建：平面轮廓精加工 1"对话框。

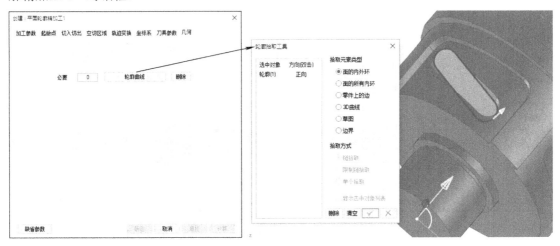

图 9-32

需要设定的参数如下：

1）加工参数：加工参数→加工精度"0.01"，刀次"1"，顶层高度"6"，底层高度"0"，层高"0.2"；偏移方向"左偏"；行距定义方式"余量方式（如果想留余量的话，单击"定义余量"）；层间走刀"螺旋"；偏移类型"TO"；其他选项→补偿方式"计算机补偿"，如图 9-33 所示。

2）起始点：默认即可。

3）切入切出：默认即可，如图 9-34 所示。

图 9-33

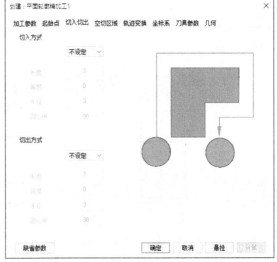

图 9-34

4）空切区域：区域类型"平面"；平面→起始高度（绝对）"60"，安全高度（绝对）"50"，如图 9-35 所示。

5）轨迹变换：圆柱包裹→勾选"使用"；包裹参数→包裹轴"Y 轴"，包裹半径"29.749"；轨迹点优化→切削段最大点距"1"；其他默认即可，如图 9-36 所示。

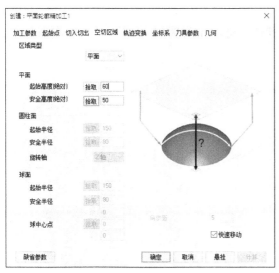
图　9-35

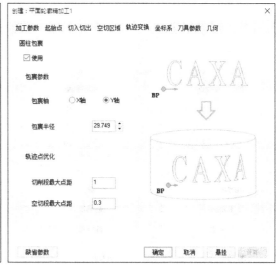
图　9-36

6）坐标系：选"前端 2"即可。

7）刀具参数：类型"立铣刀"，刀杆类型"圆柱"，刀具号"2"，单击"DH 同值"，刀杆长"30"，刃长"15"，直径"6"，如图 9-37 所示；单击"速度参数"→主轴转速"5000"，慢速下刀速度（F0）"1000"，切入切出连接速度（F1）"1500"，切削速度（F2）"1500，退刀速度（F3）"3000"。

8）单击"确定"按钮，执行刀具路径运算，刀具路径运算结果如图 9-38 所示。

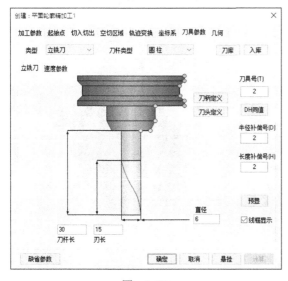
图　9-37

图　9-38

195

9.2.4 阵列 4 份

步骤:单击"制造"→"轨迹变换"→"变换轨迹"→弹出"创建:变换轨迹"对话框。具体参数设置如下:

1)变换参数:"平移 / 旋转轴矢量"→单击"+Y";旋转参数→起始角度"0",旋转步距"90";拷贝数量"4";源轨迹→单击"拾取"→拾取需要旋转的轨迹→右击结束选择并返回"创建:变换轨迹"对话框。其他默认即可。如图 9-39 所示。

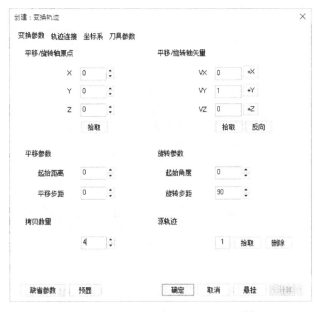

图 9-39

2)轨迹连接:连接类型"圆柱面连接";圆柱面→旋转轴"Y 轴";其他默认即可,如图 9-40 所示。

3)单击"确定"按钮,执行刀具路径运算,刀具路径运算结果如图 9-41 所示。

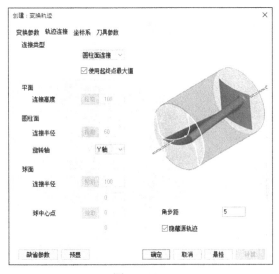

图 9-40

图 9-41

9.2.5 中端 1 粗加工

步骤：单击"制造"→"二轴"→"平面轮廓精加工 1"→弹出"创建：平面轮廓精加工 1"对话框→选择"几何"→选择必要"轮廓曲线"→弹出"轮廓拾取工具"对话框→选择拾取元素类型"草图"→拾取图素（图 9-42）→单击 √，返回"创建：平面轮廓精加工 1"对话框。

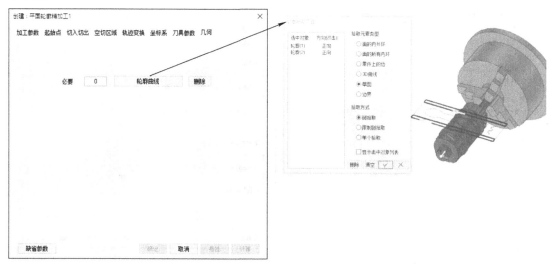

图 9-42

需要设定的参数如下：

1）加工参数：加工参数→加工精度"0.01"，刀次"1"，顶层高度"6"，底层高度"0"，层高"0.2"；偏移方向"右偏"；行距定义方式"余量方式（如果想留余量的话，单击"定义余量"）；层间走刀"螺旋"；偏移类型"TO"；其他选项→补偿方式"计算机补偿"，如图 9-43 所示。

2）起始点：默认即可。

3）切入切出：默认即可，如图 9-44 所示。

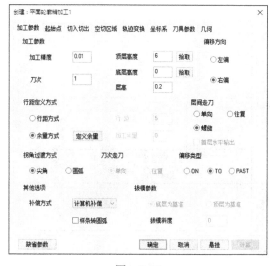

图 9-43

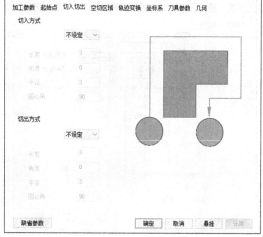

图 9-44

4）空切区域：区域类型"平面"；平面→起始高度（绝对）"60"，安全高度（绝对）"50"，如图 9-45 所示。

5）轨迹变换：圆柱包裹→勾选"使用"；包裹参数→包裹轴"Y 轴"，包裹半径"35.75"；轨迹点优化→切削段最大点距"1"；其他默认即可，如图 9-46 所示。

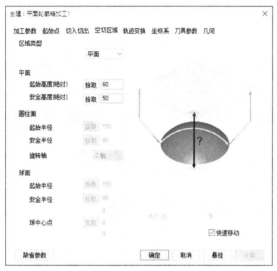

图　9-45　　　　　　　　　　　　　图　9-46

6）坐标系：选"中端 2"即可。

7）刀具参数：类型"立铣刀"，刀杆类型"圆柱"，刀具号"2"，单击"DH 同值"，刀杆长"30"，刃长"15"，直径"6"，如图 9-47 所示；单击"速度参数"→主轴转速"5000"，慢速下刀速度（F0）"1000"，切入切出连接速度（F1）"1500"，切削速度（F2）"1500，退刀速度（F3）"3000"。

8）单击"确定"按钮，执行刀具路径运算，刀具路径运算结果如图 9-48 所示。

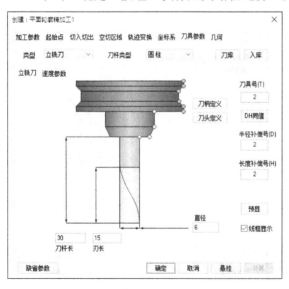

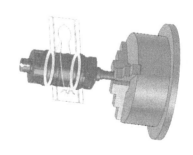

图　9-47　　　　　　　　　　　　　图　9-48

9.2.6 中端 2 粗加工

步骤： 单击"制造"→"二轴"→"平面自适应粗加工"→弹出"创建：平面自适应粗加工"对话框→选择"几何"→选择必要"加工区域"→弹出"轮廓拾取工具"对话框→选择拾取元素类型"草图"，拾取图素→单击 ☑，返回"创建：平面自适应粗加工"对话框；勾选"添加避让区域"，选择必要"避让区域"→弹出"轮廓拾取工具"对话框→选择拾取元素类型"草图"，拾取图素→单击 ☑，返回"创建：平面自适应粗加工"对话框，如图 9-49 所示。

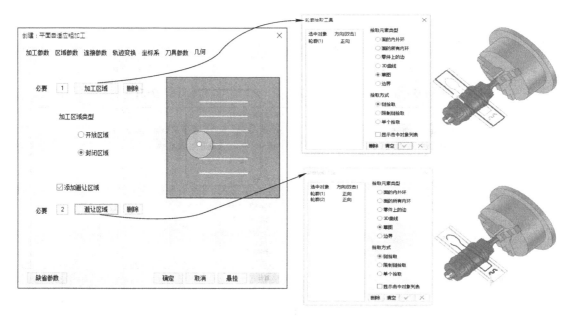

图 9-49

需要设定的参数如下：

1）加工参数：加工方式"往复"；加工方向"顺铣"；优先策略"区域优先"；余量和精度→加工余量"0.2"，加工精度"0.01"；层参数→顶层高度"0"，底层高度"0"，层数"1"；拔模斜度"0"；行距→最大行距"1.5"，顺铣（%）行距"100"，逆铣（%）行距"100"，如图 9-50 所示。

2）区域参数：默认即可，如图 9-51 所示。

3）连接参数：如图 9-52 所示。

① 连接方式：接近 / 返回→勾选"加下刀"。

② 下刀方式：倾斜角（与 XY 平面）"1"。

③ 空切区域：区域类型"平面"；平面参数→平面法矢量平行于"Z 轴"，安全高度"用户定义""40"。

④ 空切距离：切入慢速移动距离"4"。

其他默认即可。

图 9-50

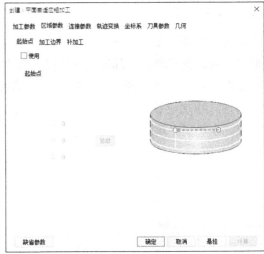

图 9-51

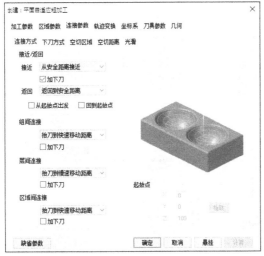

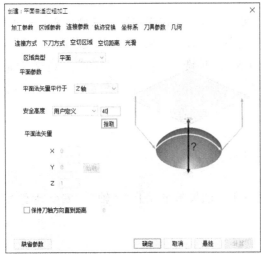

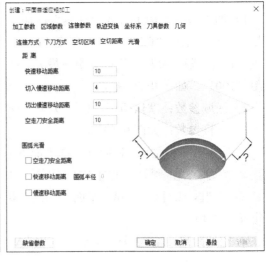

图 9-52

4）轨迹变换：圆柱包裹→勾选"使用"；包裹参数→包裹轴"Y 轴"，包裹半径"35.752"；其他默认即可，如图 9-53 所示。

5）坐标系：选"中端 2"即可。

6）刀具参数：类型"立铣刀"，刀杆类型"圆柱"，刀具号"4"，单击"DH 同值"，刀杆长"35"，刃长"10"，直径"5"，如图 9-54 所示；单击"速度参数"→主轴转速"5000"，慢速下刀速度（F0）"1000"，切入切出连接速度（F1）"1200"，切削速度（F2）"1200"，退刀速度（F3）"3000"。

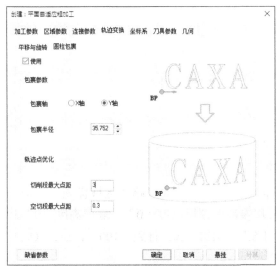

图 9-53

图 9-54

7）单击"确定"按钮，执行刀具路径运算，刀具路径运算结果如图 9-55 所示。

图 9-55

9.2.7 中端 3 粗加工

步骤：单击"制造"→"二轴"→"平面自适应粗加工"→弹出"创建：平面自适应粗加工"对话框→选择"几何"→选择必要"加工区域"→弹出"轮廓拾取工具"对话框→选择拾取元素类型"面的内外环",拾取图素→单击　，返回"创建 平面自适应粗加工"

对话框，如图 9-56 所示。

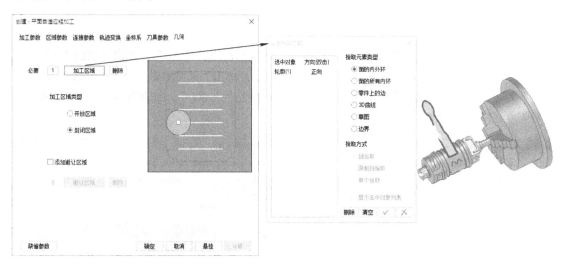

图　9-56

需要设定的参数如下：

1）加工参数：加工方式"往复"；加工方向"顺铣"；优先策略"区域优先"；余量和精度→加工余量"0.1"，加工精度"0.01"；层参数→顶层高度"0"，底层高度"0"，层数"1"；拔模斜度"0"；行距→最大行距"1.5"，顺铣（%）行距"100"，逆铣（%）行距"100"，如图 9-57 所示。

2）区域参数：默认即可，如图 9-58 所示。

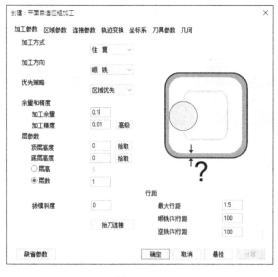

图　9-57

图　9-58

3）连接参数：如图 9-59 所示。

①连接方式：接近 / 返回→勾选"加下刀"。

②下刀方式：倾斜角（与 XY 平面）"1"。

③ 空切区域：区域类型"平面"；平面参数→平面法矢量平行于"Z 轴"，安全高度"用户定义""40"。

④ 空切距离：切入慢速移动距离"5"。

其他默认即可。

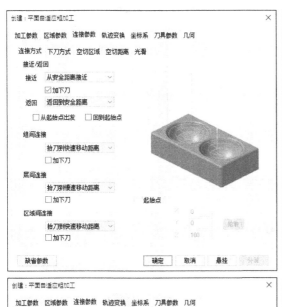

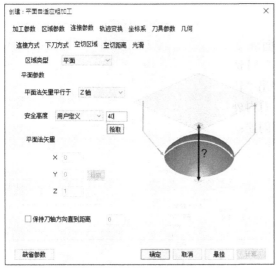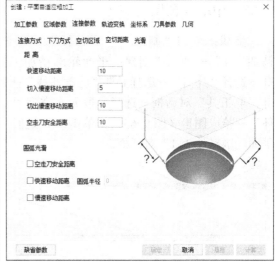

图　9-59

4）轨迹变换：圆柱包裹→勾选"使用"；包裹参数→包裹轴"Y 轴"，包裹半径"35.752"；其他默认即可，如图 9-60 所示。

5）坐标系：选"中端 3"即可。

6）刀具参数：类型"立铣刀"，刀杆类型"圆柱"，刀具号"4"，单击"DH 同值"，刀杆长"35"，刃长"10"，直径"5"，如图 9-61 所示；单击"速度参数"→主轴转速"5000"，慢速下刀速度（F0）"1000"，切入切出连接速度（F1）"1200"，切削速度（F2）"1200"，退刀速度（F3）"3000"。

图 9-60

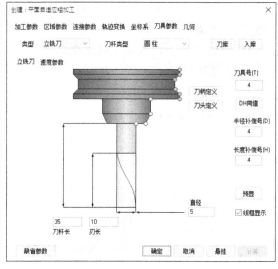

图 9-61

7）单击"确定"按钮，执行刀具路径运算，刀具路径运算结果如图 9-62 所示。

9.2.8 中端 3 侧壁精加工

步骤：单击"制造"→"二轴"→"平面轮廓精加工 1"→弹出"创建：平面轮廓精加工 1"对话框→选择"几何"→选择必要"轮廓曲线"→弹出"轮廓拾取工具"对话框→选择拾取元素类型"面的内外环"→拾取图素（图 9-63）→单击 ✓，返回"创建：平面轮廓精加工 1"对话框。

图 9-62

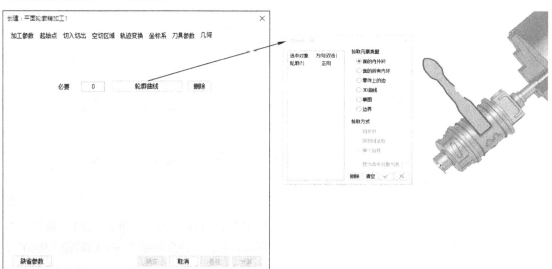

图 9-63

204

需要设定的参数如下：

1）加工参数：加工参数→加工精度"0.01"，刀次"1"，顶层高度"0"，底层高度"0"；偏移方向"左偏"；行距定义方式"余量方式"（如果想留余量的话，单击"定义余量"）；层间走刀"单向"；偏移类型"TO"；其他选项→补偿方式"计算机补偿"，如图 9-64 所示。

2）起始点：默认即可。

3）切入切出：切入方式"圆弧"，半径"3"，圆心角"90"；切出方式"圆弧"，半径"3"，圆心角"90"，如图 9-65 所示。

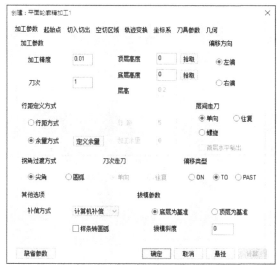

图 9-64

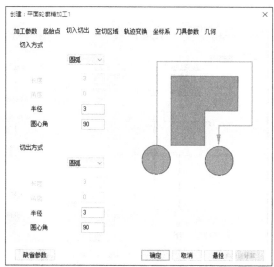

图 9-65

4）空切区域：区域类型"平面"；平面→起始高度（绝对）"60"，安全高度（绝对）"50"，如图 9-66 所示。

5）轨迹变换：圆柱包裹→勾选使用；包裹参数→包裹轴"Y 轴"，包裹半径"35.75"；轨迹点优化→切削段最大点距"1"；其他默认即可，如图 9-67 所示。

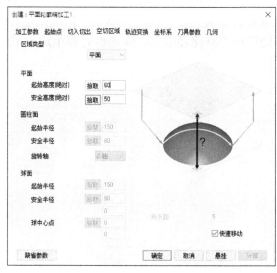
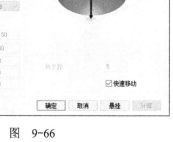

图 9-66

图 9-67

6）坐标系：选"中端 3"即可。

7）刀具参数：类型"立铣刀"，刀杆类型"圆柱"，刀具号"2"，单击"DH 同值"，刀杆长"30"，刃长"15"，直径"6"，如图 9-68 所示；单击"速度参数"→主轴转速"5000"，慢速下刀速度（F0）"1000"，切入切出连接速度（F1）"1500"，切削速度（F2）"1500，退刀速度（F3）"3000"。

8）单击"确定"按钮，执行刀具路径运算，刀具路径运算结果如图 9-69 所示。

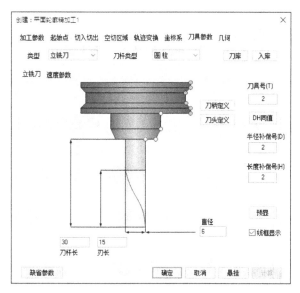

图　9-68

图　9-69

9.3　工程师经验点评

本章主要介绍了技能竞赛 1 的部分加工过程，机床选用四轴机床（旋转轴 B 轴），如果旋转轴为 A 轴，只需把源轨迹通过变换轨迹功能，旋转一个角度，根据实际情况来进行轨迹变换。也可在编程的时候就设 X 轴为旋转轴进行刀具路径编制。注意后处理生成 G 代码时坐标系不要选错了。

第10章

多轴铣削加工实例：技能竞赛 2

10.1 基本设定

10.1.1 技能竞赛 2 模型

技能竞赛 2 模型如图 10-1 所示。本节主要介绍五轴平行面加工、五轴限制面加工、五轴平行加工命令的使用。在这个例子中使用实体模型进行刀路的编制，由于篇幅所限，只对技能竞赛 2 的模型进行多轴精加工刀路。

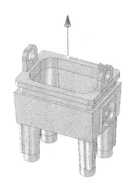

图 10-1

10.1.2 工艺方案

技能竞赛 2 模型的加工工艺方案如表 10-1 所示。

表 10-1

工序号	加工内容	加工方式	机床	刀具
1	精加工耳朵内侧	五轴平行面加工	安卡尔 T-180U 五轴机床	ϕ10mm 立铣刀
2	精加工耳朵外侧	五轴平行面加工	安卡尔 T-180U 五轴机床	ϕ10mm 立铣刀
3	加工环形槽	五轴限制面加工	安卡尔 T-180U 五轴机床	ϕ4mm 立铣刀
4	精加工前后面	五轴平行加工	安卡尔 T-180U 五轴机床	ϕ10mm 立铣刀
5	定向加工左侧	平面区域粗加工	安卡尔 T-180U 五轴机床	ϕ10mm 立铣刀
6	精加工内壁	五轴平行加工	安卡尔 T-180U 五轴机床	ϕ10mm 球头铣刀

此类零件装夹比较简单，利用平口钳夹持即可。

10.1.3 准备加工文件

打开 CAXA 制造工程师 2022 软件，打开 10.mcs 文件，加工技能竞赛 2 模型。

10.2 编程详细操作步骤

10.2.1 精加工耳朵内侧

步骤：单击"制造"→"多轴"→"五轴平行面加工"，弹出"创建：五轴平行面加工"对话框，选择"几何"→"必要"选择"加工曲面"，弹出"面拾取工具"对话框，选择拾取元素类型"面"→拾取图素（注意方向）→单击 ✓ ，返回"创建：五轴平行面加工"对话框；"必要"选择"单侧限制面"，弹出"面拾取工具"对话框，选择拾取元素类型"面"→拾取图素（注意方向）→单击 ✓ ，返回"创建：五轴平行面加工"对话框，如图 10-2 所示。

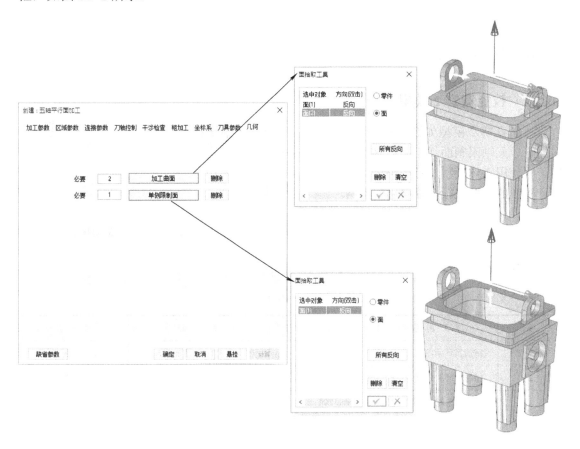

图 10-2

需要设定的参数如下：

1）加工参数：加工方式"单向"；加工方向"顺铣"；优先策略"行优先"；加工顺序"标准"；余量和精度→加工余量"0"，加工精度"0.01"；行距"1"，如图 10-3 所示。

2）区域参数：区域类型→类型"决定于刀次数"，刀次"1"，起始边距"0"，结束边距"0"；延伸 / 裁剪→勾选"使用"，始端→刀具直径的百分比"150"；终端→刀具直径的百分比"150"；勾选"延长 \ 裁剪间隙"，如图 10-4 所示。

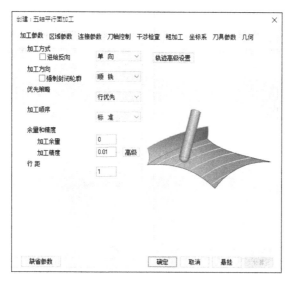

图 10-3

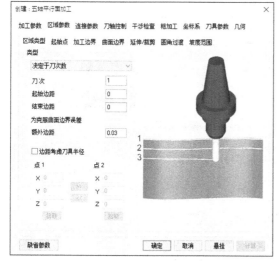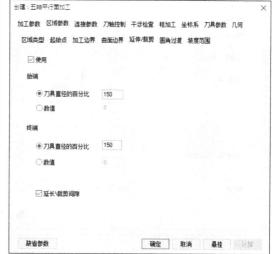

图 10-4

3）连接参数：如图 10-5 所示。

① 起始 / 结束段：接近方式→勾选"加切入"；返回方式→勾选"加切出"。

② 行间连接：小行间切入切出"切入 / 切出"；大行间切入切出"切入 / 切出"。

③ 空切区域：区域类型"平面"；平面参数→平面法矢量平行于"Z 轴"，安全高度"用户定义""50"。

④ 切入参数：选项"相切圆弧"；刀轴方向"固定"；参数→直径 / 角度→圆心角"90"，弧直径 / 刀具直径 %"100"，高度"0"，进给率 %"100"。

⑤ 切出参数：单击"拷贝切入"，按默认即可（图 10-5 中未展示）。

4）刀轴控制：控制策略→倾斜角"90"；轴向偏移→轴向偏移→在每行上渐变偏移，从"0"，如图 10-6 所示。

多轴铣削加工应用实例

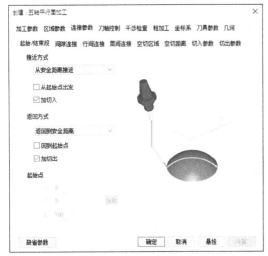
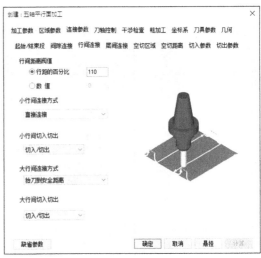
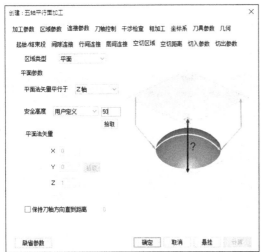
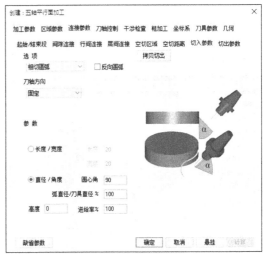

图 10-5

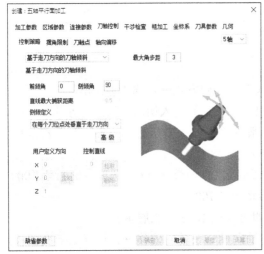
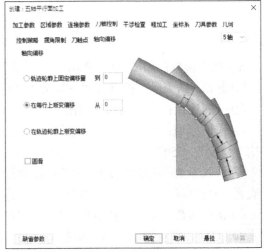

图 10-6

5）干涉检查：默认即可。

6）粗加工：默认即可。

7）坐标系：默认世界坐标系即可。

8）刀具参数：类型"立铣刀"，刀杆类型"圆柱"，刀具号"1"，单击"DH 同值"，刀杆长"50"，刃长"30"，直径"10"，如图 10-7 所示；单击"速度参数"→主轴转速"5000"，慢速下刀速度（F0）"1000"，切入切出连接速度（F1）"600"，切削速度（F2）"600"，退刀速度（F3）"3000"。

9）单击"确定"按钮，执行刀具路径运算，刀具路径运算结果如图 10-8 所示。

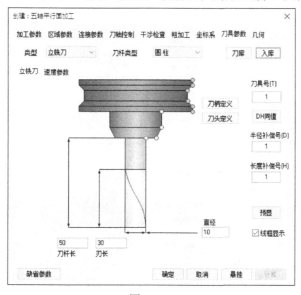

图 10-7

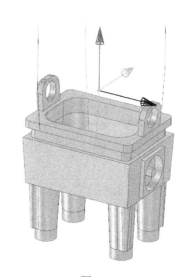

图 10-8

10.2.2 精加工耳朵外侧

步骤：单击"制造"→"多轴"→"五轴平行面加工"→弹出"创建：五轴平行面加工"对话框→选择"几何"→选择必要"加工曲面"→弹出"面拾取工具"对话框→选择拾取元素类型"面"，拾取图素（注意方向）→单击 ✓ ，返回"创建：五轴平行面加工"对话框；选择必要"单侧限制面"→弹出"面拾取工具"对话框→选择拾取元素类型"面"，拾取图素（注意方向）→单击 ✓ ，返回"创建：五轴平行面加工"对话框，如图 10-9 所示。

需要设定的参数如下：

1）加工参数：加工方式"单向"；加工方向"顺铣"；优先策略"行优先"；加工顺序"标准"；余量和精度→加工余量"0"，加工精度"0.01"；行距"1"，如图 10-10 所示。

2）区域参数：区域类型→类型"决定于刀次数"，刀次"1"，起始边距"0"，结束边距"0"；延伸 / 裁剪→勾选"使用"，始端→刀具直径的百分比"150"；终端→刀具直径的百分比"150"；勾选"延长\裁剪间隙"，如图 10-11 所示。

3）连接参数：如图 10-12 所示。

① 起始 / 结束段：接近方式→勾选"加切入"；返回方式→勾选"加切出"。

② 间隙连接：小间隙切入切出"切入 / 切出"；大间隙切入切出"切入 / 切出"。

③ 空切区域：区域类型"平面"；平面参数→平面法矢量平行于"Z 轴"，安全高度"用

户定义""50"。

④切入参数：选项"相切圆弧"；刀轴方向"固定"；参数→直径/角度→圆心角"90"，弧直径/刀具直径%"100"，高度"0"，进给率%"100"。

⑤切出参数：单击"拷贝切入"，按默认即可（图 10-12 中未展示）。

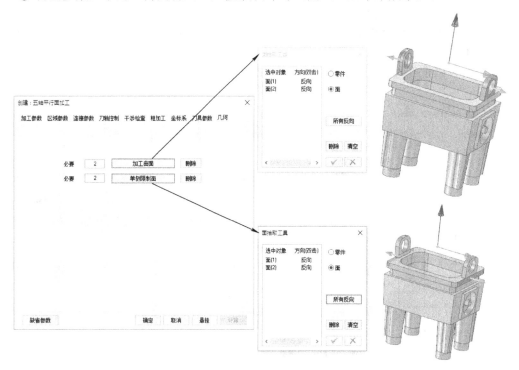

图 10-9

图 10-10

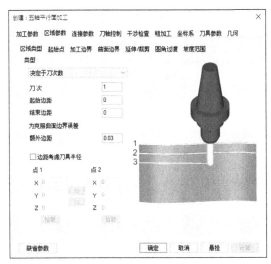

图　10-11

图　10-12

4）刀轴控制：轴向偏移→轴向偏移→在每行上渐变偏移，从"0"，如图 10-13 所示。

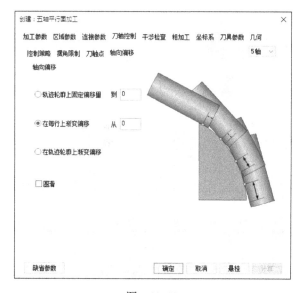

图 10-13

5）干涉检查：默认即可。

6）粗加工：默认即可。

7）坐标系：默认世界坐标系即可。

8）刀具参数：类型"立铣刀"，刀杆类型"圆柱"，刀具号"1"，单击"DH 同值"，刀杆长"50"，刃长"30"，直径"10"，如图 10-14 所示；单击"速度参数"→主轴转速"5000"，慢速下刀速度（F0）"1000"，切入切出连接速度（F1）"600"，切削速度（F2）"600"，退刀速度（F3）"3000"。

9）单击"确定"按钮，执行刀具路径运算，刀具路径运算结果如图 10-15 所示。

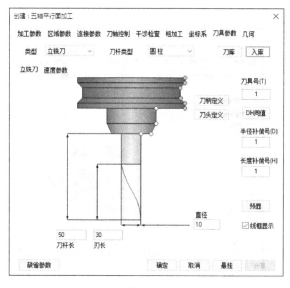

图 10-14

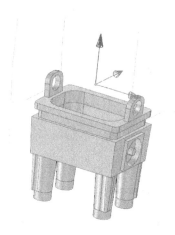

图 10-15

10.2.3　加工环形槽

步骤：单击"制造"→"多轴"→"五轴限制面加工"→弹出"创建：五轴限制面加工"对话框→选择"几何"→选择必要"加工曲面"→弹出"面拾取工具"对话框→选择拾取元素类型"面"，拾取图素（注意拾取面的方向）（图10-16）→单击 √ ，返回"创建：五轴限制面加工"对话框。

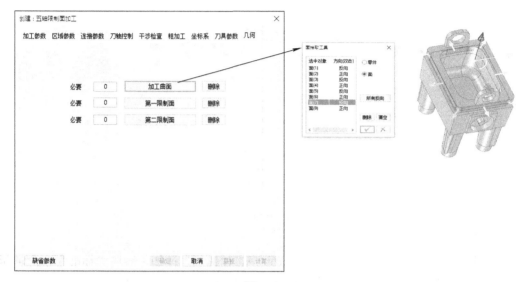

图　10-16

选择必要"第一限制面"→弹出"面拾取工具"对话框→选择拾取元素类型"面"，拾取图素（注意拾取面的方向）（图10-17）→单击 √ ，返回"创建：五轴限制面加工"对话框。

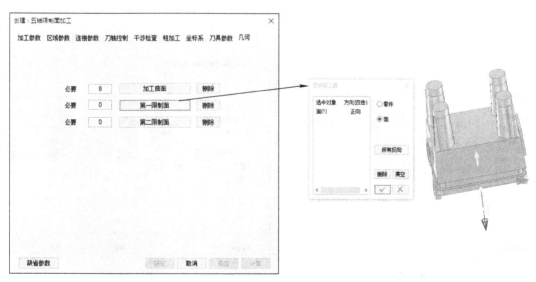

图　10-17

选择必要"第二限制面"→弹出"面拾取工具"对话框→选择拾取元素类型"面"，

拾取图素（注意拾取面的方向）（图 10-18）→单击 ✓，返回"创建：五轴限制面加工"对话框。

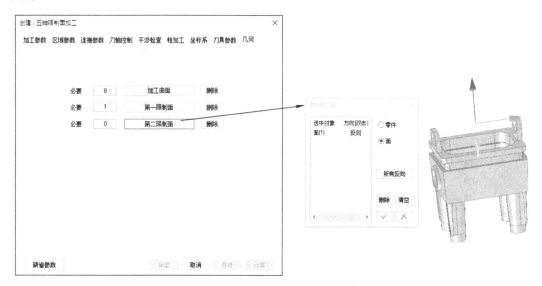

图 10-18

需要设定的参数如下：

1）加工参数：加工方式"往复"；优先策略"行优先"；加工顺序"标准"；余量和精度→加工余量"0"，加工精度"0.01"；行距"2"，如图 10-19 所示。

2）区域参数：区域类型→类型"填满区域，刀路起始及结束于边界上"，起始边距"0"，结束边距"0"；为克服曲面边界误差→额外边距"0.03"；勾选"边距考虑刀具半径"；其他默认即可，如图 10-20 所示。

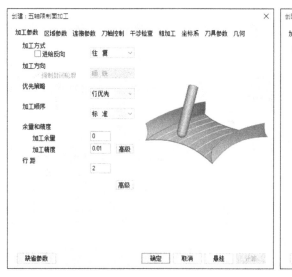

图 10-19

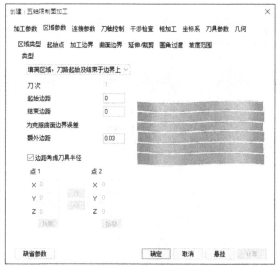

图 10-20

3）连接参数：如图 10-21 所示。

①起始/结束段：接近方式→勾选"加切入"；返回方式→勾选"加切出"。

②行间连接：小行间切入切出"切入/切出"，大行间切入切出"切入/切出"（图10-21中未展示）。

③层间连接：小层间切入切出"切入/切出"，大层间切入切出"切入/切出"。

④空切区域：区域类型"平面"；平面参数→平面法矢量平行于"Z轴"，安全高度"用户定义""50"。

⑤切入参数：选项"垂直相切圆弧"；刀轴方向"固定"；参数→直径/角度→圆心角"90"，弧直径/刀具直径%"200"，高度"0"，进给率%"100"。

⑥切出参数：单击"拷贝切入"，按默认即可（图10-21中未展示）。

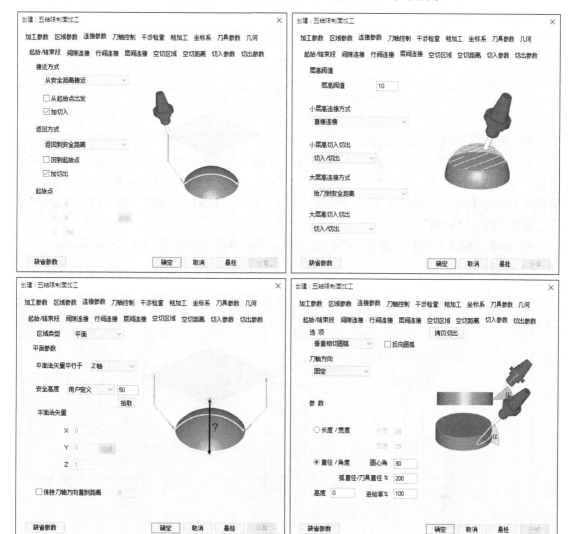

图 10-21

4）刀轴控制：默认即可。

5）干涉检查：默认即可。

6）粗加工：分层（1）→勾选"使用"；排序规则"按层"；粗加工层参数→层数"3"，间距"1"；精加工层参数→层数"1"，间距"0.1"；其他默认即可，如图10-22所示。

图 10-22

7）坐标系：默认世界坐标系即可。

8）刀具参数：类型"立铣刀"，刀杆类型"圆柱"，刀具号"2"，单击"DH 同值"，刀杆长"25"，刃长"10"，直径"4"，如图 10-23 所示；单击"速度参数"→主轴转速"5000"，慢速下刀速度（F0）"1000"，切入切出连接速度（F1）"1200"，切削速度（F2）"1200"，退刀速度（F3）"3000"。

9）单击"确定"按钮，执行刀具路径运算，刀具路径运算结果如图 10-24 所示。

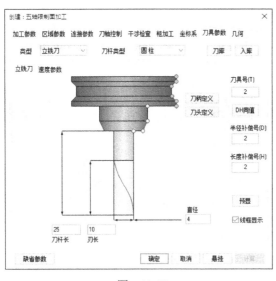

图 10-23

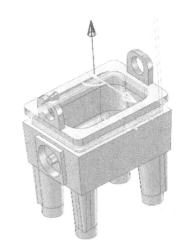

图 10-24

10.2.4 精加工前后面

步骤：单击"制造"→"多轴"→"五轴平行加工"→弹出"创建：五轴平行加工"对话框→选择"几何"→选择必要"加工曲面"→弹出"面拾取工具"对话框→选择拾取元素

类型"面"，拾取图素（注意拾取面的方向）（图 10-25）→单击 ✓，返回"创建：五轴平行加工"对话框。

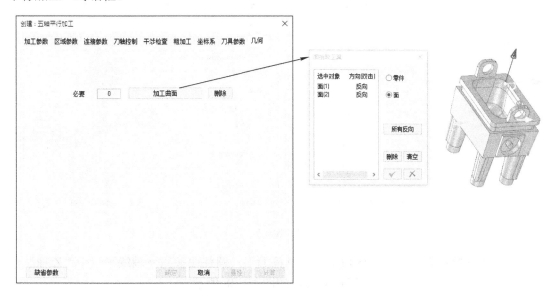

图 10-25

需要设定的参数如下：

1）加工参数：加工方式"往复"；优先策略"区域优先"；加工顺序"标准"；加工角度→与 Y 轴夹角"0"，与水平面夹角"0"；余量和精度→加工余量"0"，加工精度"0.01"；行距"7"，如图 10-26 所示。

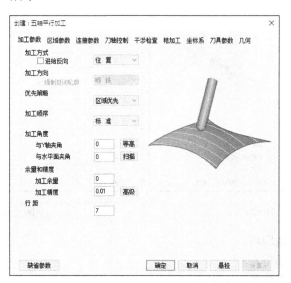

图 10-26

2）区域参数：区域类型→类型"填满区域，刀路起始及结束于边界上"；勾选"边距考虑刀具半径"；延伸 / 裁剪→勾选"使用"；始端→数值"6"；终端→数值"6"；勾选"延长 \ 裁剪间隙"；其他默认即可，如图 10-27 所示。

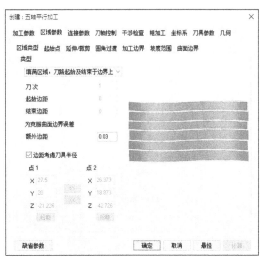
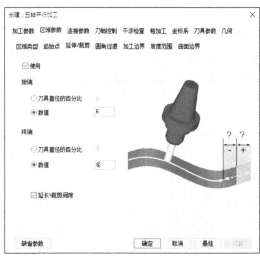

图 10-27

3）连接参数：空切区域→区域类型"圆柱面"；圆柱面参数→轴线平行于"Z轴"，半径"用户定义""60"；其他默认即可，如图10-28所示。

4）刀轴控制：控制策略"刀轴同曲面上点的法线方向"，最大角步距"3"，其他默认即可，如图10-29所示。

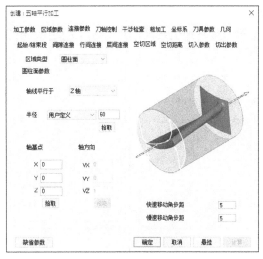

图 10-28   图 10-29

5）干涉检查：默认即可。

6）粗加工：默认即可。

7）坐标系：默认世界坐标系即可。

8）刀具参数：类型"立铣刀"，刀杆类型"圆柱"，刀具号"1"，单击"DH同值"，刀杆长"50"，刃长"30"，直径"10"，如图10-30所示；单击"速度参数"→主轴转速"4500"，慢速下刀速度（F0）"1000"，切入切出连接速度（F1）"600"，切削速度（F2）"600"，退刀速度（F3）"3000"。

9）单击"确定"按钮，执行刀具路径运算，刀具路径运算结果如图 10-31 所示。

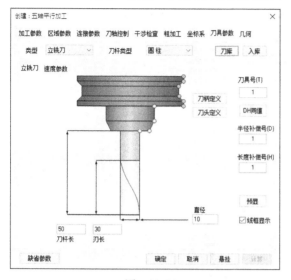

图　10-30　　　　　　　　　　　　　　　　　图　10-31

10.2.5　定向加工左侧

步骤：创建"左侧定向"坐标系：单击"制造"→"坐标系"→弹出"创建坐标系"对话框，名称"左侧定向"→单击"确定"，选中刚创建好的坐标，按"F10"键（开启三维球），选择 Y 轴的约束控制柄（图 10-32 中①），右击选 Z 轴短控制柄（图 10-32 中②），弹出右键快捷菜单，选择"与面垂直"，选择左侧曲面（图 10-32 中③），按"F10"键（关闭三维球），如图 10-32 所示。

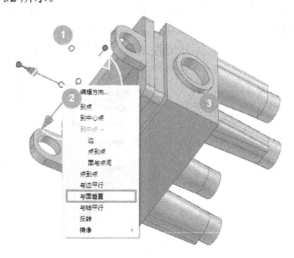

图　10-32

单击"制造"→"二轴"→"平面区域粗加工"→弹出"创建：平面区域粗加工"对话框→选择"几何"→选择必要"轮廓曲线"→弹出"轮廓拾取工具"对话框→选择拾取元素类型"面的内外环"→拾取图素→单击 ✓，返回"创建：平面区域粗加工"对话框。选择必要"岛屿曲线"→弹出"轮廓拾取工具"对话框→选择拾取元素类型"面的内外环"→拾取图素→单击 ✓，返回"创建：平面区域粗加工"对话框，如图 10-33 所示。

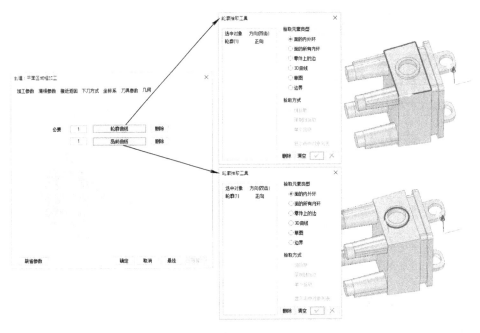

图 10-33

需要设定的参数如下：

1）加工参数：走刀方式→环切加工"从外向里"；拐角过渡方式"圆弧"；拔模基准"底层为基准"；轮廓参数→余量"0"，斜度"0"，补偿"PAST"；岛屿参数→余量"0"，斜度"0"，补偿"TO"；加工参数→顶层高度"28.572"，底层高度"28.572"，每层下降高度"5"，行距"5"，加工精度"0.01"，如图 10-34 所示。

2）清根参数：岛清根"清根"，岛清根余量"0"，如图 10-35 所示。

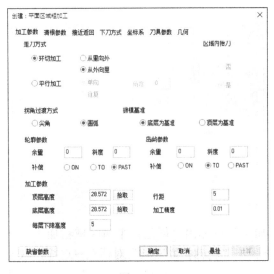

图 10-34

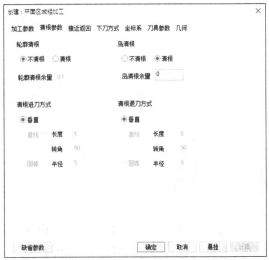

图 10-35

3）接近返回：默认即可。

4）下刀方式：安全高度（H0）"50"，慢速下刀距离（H1）"10"，退刀距离（H2）"10"，切入方式"垂直"，如图 10-36 所示。

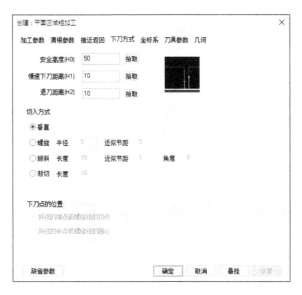

图　10-36

5）坐标系：选"左侧定向"即可。

6）刀具参数：类型"立铣刀"，刀杆类型"圆柱"，刀具号"1"，单击"DH 同值"，刀杆长"50"，刃长"30"，直径"10"，如图 10-37 所示；单击"速度参数"→主轴转速"4500"，慢速下刀速度（F0）"1000"，切入切出连接速度（F1）"600"，切削速度（F2）"600，退刀速度（F3）"3000"。

7）单击"确定"按钮，执行刀具路径运算，刀具路径运算结果如图 10-38 所示。

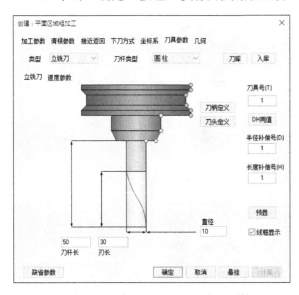

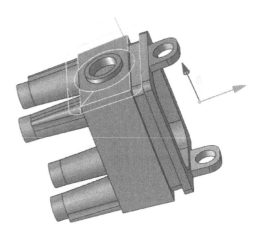

图　10-37　　　　　　　　　　　　　图　10-38

10.2.6　精加工内壁

步骤：单击"制造"→"多轴"→"五轴平行加工"→弹出"创建：五轴平行加工"对话框→选择"几何"→选择必要"加工曲面"→弹出"面拾取工具"对话框→选择拾取元素类型"面"，拾取图素（注意拾取面的方向）（图 10-39）→单击 ✓ ，返回"创建：五轴平行加工"对话框。

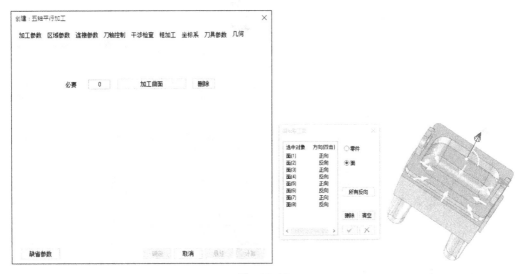

图　10-39

需要设定的参数如下：

1）加工参数：加工方式"单向"；加工方向"顺铣"，勾选"强制封闭轮廓"；优先策略"区域优先"；加工顺序"标准"；加工角度→与 Y 轴夹角"0"，与水平面夹角"0"；余量和精度→加工余量"0"，加工精度"0.1"；行距"5"，如图 10-40 所示。

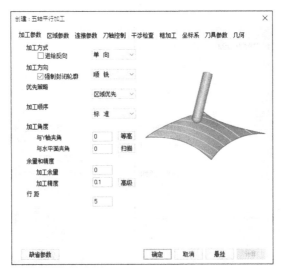

图　10-40

2）区域参数：区域类型→类型"填满区域，刀路起始及结束于边界上"；勾选"边距考虑刀具半径"；延伸 / 裁剪→勾选"使用"；始端→数值"1"；终端→数值"1"；勾选"延长\裁剪间隙"；其他默认即可，如图 10-41 所示。

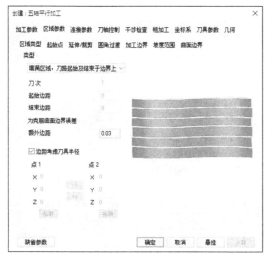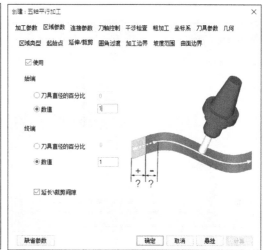

图 10-41

3）连接参数：如图 10-42 所示。

① 起始 / 结束段：接近方式→勾选"加切入"；返回方式→勾选"加切出"。

② 行间连接：小行间切入切出"切入 / 切出"；大行间切入切出"切入 / 切出"。

③ 空切区域：区域类型"平面"；平面参数→平面法矢量平行于"Z 轴"，安全高度"用户定义""50"。

④ 切入参数：选项"相切圆弧"；刀轴方向"固定"；参数→直径 / 角度→圆心角"90"，弧直径 / 刀具直径 %"100"，高度"3"，进给率 %"100"。

⑤ 切出参数：单击"拷贝切入"按默认即可（图 10-42 中未展示）。

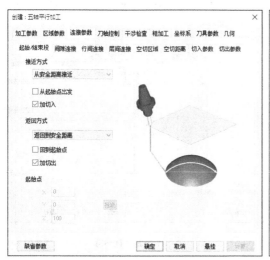

图 10-42

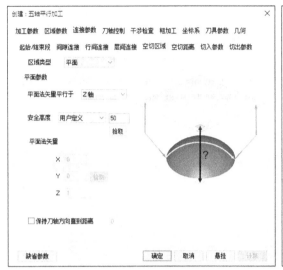
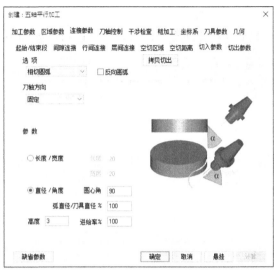

图　10-42（续）

4）刀轴控制：控制策略→倾斜角"90"，其他默认即可，如图 10-43 所示。

5）干涉检查：默认即可。

6）粗加工：默认即可。

7）坐标系：默认世界坐标系即可。

8）刀具参数：类型"球头铣刀"，刀杆类型"圆柱"，刀具号"3"，单击"DH 同值"，刀杆长"40"，刃长"20"，直径"10"，如图 10-44 所示；单击"速度参数"→主轴转速"5000"，慢速下刀速度（F0）"1000"，切入切出连接速度（F1）"1200"，切削速度（F2）"1200"，退刀速度（F3）"3000"。

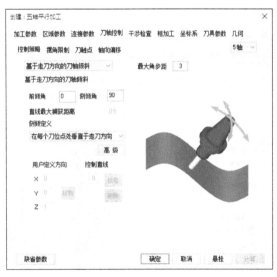

图　10-43　　　　　　　　　　　　　图　10-44

9）单击"确定"按钮，执行刀具路径运算，刀具路径运算结果如图 10-45 所示。

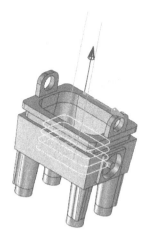

图　10-45

10.3　工程师经验点评

本章主要介绍了技能竞赛 2 的部分加工过程，机床选用安卡尔 T-180U 五轴机床（旋转轴 BC 轴）。

本章五轴定向加工创建好辅助坐标系就可以用三轴加工策略来编制程序，注意后处理生成 G 代码时坐标系不要选错了。